总体建筑观
Scope of Total Architecture

重访包豪斯 丛书
BAU BOOKS

华中科技大学出版社
http://press.hust.edu.cn
中国·武汉

总 体 建 筑 观
Scope of Total Architecture

著　[德] 瓦尔特·格罗皮乌斯

译　王家浩

图书在版编目（CIP）数据

总体建筑观/（德）瓦尔特·格罗皮乌斯著；王家浩译.
—武汉：华中科技大学出版社，2023.3
（重访包豪斯丛书）
ISBN 978-7-5680-8975-3
Ⅰ.①总… Ⅱ.①瓦… ②王… Ⅲ.①包豪斯 - 建筑
设计 - 研究 Ⅳ.① TU206

中国版本图书馆 CIP 数据核字（2022）第 252161 号

Scope of Total Architecture
by Walter Gropius
Copyright©1962 by Collier Books
Simplified Chinese translation copyright©2023
by Huazhong University of Science & Technology
Press Co., Ltd.

重访包豪斯丛书 / 丛书主编　周诗岩　王家浩

总体建筑观
ZONGTI JIANZHUGUAN
著：［德］瓦尔特·格罗皮乌斯
译：王家浩

出版发行：华中科技大学出版社（中国·武汉）
　　　　　武汉市东湖新技术开发区华工科技园
电　　话：（027）81321913
邮　　编：430223

策划编辑：王　娜
责任编辑：王　娜
美术编辑：回　声　工作室
责任监印：朱　玢

印　　刷：武汉精一佳印刷有限公司
开　　本：710 mm×1000 mm　1/16
印　　张：11.5
字　　数：204 千字
版　　次：2023 年 3 月 第 1 版　第 1 次印刷
定　　价：79.80 元

投稿邮箱：wangn@hustp.com
本书若有印装质量问题，请向出版社营销中心调换
全国免费服务热线：400-6679-118 竭诚为您服务
版权所有　侵权必究

当代历史条件下的包豪斯

一

　　包豪斯[Bauhaus]在二十世纪那个"沸腾的二十年代"扮演了颇具神话色彩的角色。它从未宣称过要传承某段"历史"，而是以初步课程代之。它被认为是"反历史主义的历史性"，回到了发动异见的根本。但是相对于当下的"我们"，它已经成为"历史"：几乎所有设计与艺术的专业人员都知道，包豪斯这一理念原型是现代主义历史上无法回避的经典。它经典到，即使人们不知道它为何成为经典，也能复读出诸多关于它的论述；它经典到，即使人们不知道它的历史，也会将这一颠倒"房屋建造"[haus-bau]而杜撰出来的"包豪斯"视作历史。包豪斯甚至是过于经典到，即使人们不知道这些论述，不知道它命名的由来，它的理念与原则也已经在设计与艺术的课程中得到了广泛实践。而对于公众，包豪斯或许就是一种风格，一个标签而已。毋庸讳言的是，在当前中国工厂中代加工和"山寨"的那些"包豪斯"家具，与那些被冠以其他名号的家具一样，更关注的只是品牌的创建及如何从市场中脱颖而出……尽管历史上的那个"包豪斯"之名，曾经与一种超越特定风格的普遍法则紧密相连。

　　历史上的"包豪斯"，作为一所由美术学院和工艺美术学校组成的教育机构，被人们看作设计史、艺术史的某种开端。但如果仍然把包豪斯当作设计史的对象去研究，从某种意义而言，这只能是一种同义反复。为何阐释它？如何阐释它，并将它重新运用到社会生产中去？我们可以将"一切历史都是当代史"的意义推至极限：一切被我们在当下称作"历史"的，都只是为了成为其自身情境中的实践，由此，它必然已经是"当代"的实践。或阐释或运用，这一系列的进程并不是一种简单的历史积累，而是对其特定的历史条件的消除。

历史档案需要重新被历史化。只有把我们当下的社会条件写入包豪斯的历史情境中，不再将它作为凝固的档案与经典，这一"写入"才可能在我们与当时的实践者之间展开政治性的对话。它是对"历史"本身之所以存在的真正条件的一种评论。"包豪斯"不仅是时间轴上的节点，而且已经融入我们当下的情境，构成了当代条件下的"包豪斯情境"。然而"包豪斯情境"并非仅仅是一个既定的事实，当我们与包豪斯的档案在当下这一时间节点上再次遭遇时，历史化将以一种颠倒的方式发生：历史的"包豪斯"构成了我们的条件，而我们的当下则成为"包豪斯"未曾经历过的情境。这意味着只有将当代与历史之间的条件转化，放置在"当代"包豪斯的视野中，才能更加切中要害地解读那些曾经的文本。历史上的包豪斯提出"艺术与技术，新统一"的目标，已经从机器生产、新人构成、批量制造转变为网络通信、生物技术与金融资本灵活积累的全球地理重构新模式。它所处的两次世界大战之间的帝国主义竞争，已经演化为由此而来向美国转移的中心与边缘的关系——国际主义名义下的新帝国主义，或者说是由跨越国家边界的空间、经济、军事等机构联合的新帝国。

"当代"，是"超脱历史地去承认历史"，在构筑经典的同时，瓦解这一历史之后的经典话语，包豪斯不再仅仅是设计史、艺术史中的历史。通过对其档案的重新历史化，我们希望将包豪斯为它所处的那一现代时期的"不可能"所提供的可能性条件，转化为重新派发给当前的一部社会的、运动的、革命的历史：设计如何成为"政治性的政治"？首要的是必须去动摇那些已经被教科书写过的大写的历史。包豪斯的生成物以其直接的、间接的驱动力及传播上的效应，突破了存在着势差的国际语境。如果想要让包豪斯成为输出给思想史的一个复数的案例，那么我们对它的研究将是一种具体的、特定的、预见性的设置，而不是一种普遍方法的抽象而系统的事业，因为并不存在那样一种幻象——"终会有某个更为彻底的阐释版本存在"。地理与政治的不均衡发展，构成了当代世界体系之中的辩证法，而包豪斯的"当代"辩证或许正记录在我们眼前的"丛书"之中。

二

　　"包豪斯丛书"［Bauhausbücher］作为包豪斯德绍时期发展的主要里程碑之一，是一系列富于冒险性和实验性的出版行动的结晶。丛书由格罗皮乌斯和莫霍利 - 纳吉合编，后者是实际的执行人，他在一九二三年就提出了由大约三十本书组成的草案，一九二五年包豪斯丛书推出了八本，同时宣布了与第一版草案有明显差别的另外的二十二本，次年又有删减和增补。至此，包豪斯丛书计划总共推出过四十五本选题。但是由于组织与经济等方面的原因，直到一九三〇年，最终实际出版了十四本。其中除了当年包豪斯的格罗皮乌斯、莫霍利 - 纳吉、施莱默、康定斯基、克利等人的著作及师生的作品之外，还包括杜伊斯堡、蒙德里安、马列维奇等这些与包豪斯理念相通的艺术家的作品。而此前的计划中还有立体主义、未来主义、勒·柯布西耶，甚至还有爱因斯坦的著作。我们现在无法想象，如果能够按照原定计划出版，包豪斯丛书将形成怎样的影响，但至少有一点可以肯定，包豪斯丛书并没有将其视野局限于设计与艺术，而是一份综合了艺术、科学、技术等相关议题并试图重新奠定现代性基础的总体计划。

　　我们此刻开启译介"包豪斯丛书"的计划，并非因为这套被很多研究者忽视的丛书是一段必须去遵从的历史。我们更愿意将这一译介工作看作是促成当下回到设计原点的对话，重新档案化的计划是适合当下历史时间节点的实践，是一次沿着他们与我们的主体路线潜行的历史展示：在物与像、批评与创作、学科与社会、历史与当下之间建立某种等价关系。这一系列的等价关系也是对雷纳·班纳姆的积极回应，他曾经敏感地将这套"包豪斯丛书"判定为"现代艺术著作中最为集中同时也是最为多样性的一次出版行动"。当然，这一系列出版计划，也可以作为纪念包豪斯诞生百年（二〇一九年）这一重要节点的令人激动的事件。但是真正促使我们与历史相遇并再度介入"包豪斯丛书"的，是连接起在这百年相隔的"当代历史"条件下行动的"理论化的时刻"，这是历史主体的重演。我们以"包豪斯丛书"的译介为开端的出版计划，无疑与当年的"包豪斯丛书"一样，也是一次面向未知的"冒险的"决断——去论证"包豪斯丛书"的确是一系列的实践之书、关于实践的构想之书、关于构想的理论之书，同时去展示它在自身的实践与理论之间的部署，以及这种部署如何对应着它刻写在文本内容与形式之间的"设计"。

与"理论化的时刻"相悖的是，包豪斯这一试图成为社会工程的总体计划，既是它得以出现的原因，也是它最终被关闭的原因。正是包豪斯计划招致的阉割，为那些只是仰赖于当年的成果，而在现实中区隔各自分属的不同专业领域的包豪斯研究，提供了部分"确凿"的理由。但是这已经与当年包豪斯围绕着"秘密社团"展开的总体理念愈行愈远了。如果我们将当下的出版视作再一次的媒体行动，那么在行动之初就必须拷问这一既定的边界。我们想借助媒介历史学家伊尼斯的看法，他曾经认为在他那个时代的大学体制对知识进行分割肢解的专门化处理是不光彩的知识垄断："科学的整个外部历史就是学者和大学抵抗知识发展的历史。"我们并不奢望这一情形会在当前发生根本的扭转，正是学科专门化的弊端令包豪斯在今天被切割并分派进建筑设计、现代绘画、工艺美术等领域。而"当代历史"条件下真正的写作是向对话学习，让写作成为一场场论战，并相信只有在任何题材的多方面相互作用中，真正的发现与洞见才可能产生。曾经的包豪斯丛书正是这样一种写作典范，成为支撑我们这一系列出版计划的"初步课程"。

三

"理论化的时刻"并不是把可能性还给历史，而是要把历史还给可能性。正是在当下社会生产的可能性条件的视域中，才有了历史的发生，否则人们为什么要关心历史还有怎样的可能。持续的出版，也就是持续地回到包豪斯的产生、接受与再阐释的双重甚至是多重的时间中去，是所谓的起因缘、分高下、梳脉络、拓场域。当代历史条件下包豪斯情境的多重化身正是这样一些命题：全球化的生产带来的物质产品的景观化，新型科技的发展与技术潜能的耗散，艺术形式及其机制的循环与往复，地缘政治与社会运动的变迁，风险社会给出的承诺及其破产，以及看似无法挑战的硬件资本主义的神话等。我们并不能指望直接从历史的包豪斯中找到答案，但是在包豪斯情境与其历史的断裂与脱序中，总问题的转变已显露端倪。

多重的可能时间以一种共时的方式降临中国，全面地渗入并包围着人们的日常生活。正是"此时"的中国提供了比简单地归结为西方所谓"新自由主义"的普遍地形更为复杂的空间条件，让此前由诸多理论描绘过的未来图景，逐渐失去了针对这一现实的批判潜能。这一当代的发生是政治与市场、理论与实践奇特综合的"正在进行时"。另一方面，"此地"的中国不仅是在全球化进程中重演的某一地缘政治的区域版本，更是强烈地感受着全球资本与媒介时代的共同焦虑。同时它将成为从特殊性通往普遍性反思的出发点，由不同的时空混杂出来的从多样的有限到无限的行动点。历史的共同配置激发起地理空间之间的真实斗争，撬动着艺术与设计及对这两者进行区分的根基。

辩证的追踪是认识包豪斯情境的多重化身的必要之法。比如格罗皮乌斯在《包豪斯与新建筑》（一九三五年）开篇中强调通过"新建筑"恢复日常生活中使用者的意见与能力。时至今日，社会公众的这种能动性已经不再是他当年所说的有待被激发起来的兴趣，而是对更多参与和自己动手的吁求。不仅如此，这种情形已如此多样，似乎无须再加以激发。然而真正由此转化而来的问题，是在一个已经被区隔管治的消费社会中，或许被多样需求制造出来的诸多差异恰恰导致了更深的受限于各自技术分工的眼、手与他者的分离。就像格罗皮乌斯一九二七年为无产者剧场的倡导者皮斯卡托制定的"总体剧场"方案（尽管它在历史上未曾实现），难道它在当前不更像是一种类似于景观自动装置那样体现"完美分离"的象征物吗？观众与演员之间的舞台幻象已经打开，剧场本身的边界却没有得到真正的解放。现代性产生的时期，艺术或多或少地运用了更为广义的设计技法与思路，而在晚近资本主义文化逻辑的论述中，艺术的生产更趋于商业化，商业则更多地吸收了艺术化的表达手段与形式。所谓的精英文化坚守的与大众文化之间对抗的界线事实上已经难以分辨。另一方面，作为超级意识形态的资本提供的未来幻象，在样貌上甚至更像是现代主义的某些总体想象的沿袭者。它早已借助专业职能的技术培训和市场运作，将分工和商品作为现实的基本支撑，并朝着截然相反的方向运行。这一幻象并非将人们监禁在现实的困境中，而是激发起每个人在其所从事的专业领域中的想象，却又控制性地将其自身安置在单向度发展的轨道之上。例如狭义设计机制中的自诩创新，以及狭义艺术机制中的自慰批判。

四

当代历史条件下的包豪斯,让我们回到已经被各自领域的大写的历史所遮蔽的原点。这一原点是对包豪斯情境中的资本、商品形式,以及之后的设计职业化的综合,或许这将有助于研究者们超越对设计产品仅仅拘泥于客体的分析,超越以运用为目的的实操式批评,避免那些缺乏技术批判的陈词滥调或仍旧固守进步主义的理论空想。"包豪斯情境"中的实践曾经打通艺术家与工匠、师与生、教学与社会……它连接起巴迪乌所说的构成政治本身的"非部分的部分"的两面:一面是未被现实政治计入在内的情境条件,另一面是未被想象的"形式"。这里所指的并非通常意义上的形式,而是一种新的思考方式的正当性,作为批判的形式及作为共同体的生命形式。

从包豪斯当年的宣言中,人们可以感受到一种振聋发聩的乌托邦情怀:让我们创建手工艺人的新型行会,取消手工艺人与艺术家之间的等级区隔,再不要用它树起相互轻慢的"藩篱"!让我们共同期盼、构想,开创属于未来的新建造,将建筑、绘画、雕塑融入同一构型中。有朝一日,它将从上百万手工艺人的手中冉冉升向天际,如水晶般剔透,象征着崭新的将要到来的信念。除了第一句指出了当时的社会条件"技术与艺术"的联结之外,它更多地描绘了一个面向"上帝"神力的建造事业的当代版本。从诸多艺术手段融为一体的场景,到出现在宣言封面上由费宁格绘制的那一座蓬勃的教堂,跳跃、松动、并不确定的当代意象,赋予了包豪斯更多神圣的色彩,超越了通常所见的蓝图乌托邦,超越了仅仅对一个特定时代的材料、形式、设计、艺术、社会作出更多贡献的愿景。期盼的是有朝一日社群与社会的联结将要掀起运动:以崇高的感性能量为支撑的促进社会更新的激进演练,闪现着全人类光芒的面向新的共同体信仰的喻示。而此刻的我们更愿意相信的是,曾经在整个现代主义运动中蕴含着的突破社会隔离的能量,同样可以在当下的时空中得到有力的释放。正是在多样与差异的联结中,对社会更新的理解才会被重新界定。

包豪斯初期阶段的一个作品,也是格罗皮乌斯的作品系列中最容易被忽视的一个作品,佐默费尔德的小木屋[Blockhaus Sommerfeld],它是包豪斯集体工作的第一个真正产物。建筑历史学者里克沃特对它的重新肯定,是将"建筑的本原应当是怎样的"这一命题从对象的实证引向了对观念的回溯。手工是已经存在却未被计入的条件，而机器所能抵达的是尚未想象的形式。我们可以从此类对包豪斯的再认识中看到，历史的包豪斯不仅如通常人们所认为的那样是对机器生产时代的回应，更是对机器生产时代批判性的超越。我们回溯历史，并不是为了挑拣包豪斯遗留给我们的物件去验证现有的历史框架，恰恰相反，绕开它们去追踪包豪斯之情境，方为设计之道。我们回溯建筑学的历史，正如里克沃特在别处所说的，任何公众人物如果要向他的同胞们展示他所具有的美德，那么建筑学就是他必须赋予他的命运的一种救赎。在此引用这句话，并不是为了作为历史的包豪斯而抬高建筑学，而是因为将美德与命运联系在一起，将个人的行动与公共性联系在一起，方为设计之德。

五

　　阿尔伯蒂曾经将美德理解为在与市民生活和社会有着普遍关联的事务中进行的一些有天赋的实践。如果我们并不强调设计者所谓天赋的能力或素养，而是将设计的活动放置在开端的开端，那么我们就有理由将现代性的产生与建筑师的命运推回到文艺复兴时期。当时的美德兼有上述设计之道与设计之德，消除道德的表象从而回到审美与政治转向伦理之前的开端。它意指卓越与慷慨的行为，赋予形式从内部的部署向外延伸的行为，将建筑师的意图和能力与"上帝"在造物时的目的和成就，以及社会的人联系在一起。正是对和谐的关系的处理，才使得建筑师自身进入了社会。但是这里的"和谐"必将成为一次次新的运动。在包豪斯情境中，甚至与它的字面意义相反，和谐已经被"构型"［Gestaltung］所替代。包豪斯之名及其教学理念结构图中居于核心位置的"BAU"暗示我们，正是所有的创作活动都围绕着"建造"展开，才得以清空历史中的"建筑"，进入到当代历史条件下的"建造"的核心之变，正是建筑师的形象拆解着构成建筑史的基底。因此，建筑师是这样一种"成为"，他重新成体系地建造而不是维持某种既定的关系。他进入社会，将人们聚集在一起。他的进入必然不只是通常意义上的进入社会的现实，而是面向"上帝"之神力并扰动着现存秩序的"进入"。在集体的实践中，重点既非手工也非机器，而是建筑师的建造。

与通常对那个时代所倡导的批量生产的理解不同的是，这一"进入"是异见而非稳定的传承。我们从包豪斯的理念中就很容易理解：教师与学生在工作坊中尽管处于某种合作状态，但是教师决不能将自己的方式强加于学生，而学生的任何模仿意图都会被严格禁止。

包豪斯的历史档案不只作为一份探究其是否被背叛了的遗产，用以给"我们"的行为纠偏。正如塔夫里认为的那样，历史与批判的关系是"透过一个永恒于旧有之物中的概念之镜头，去分析现况"，包豪斯应当被吸纳为"我们"的历史计划，作为当代历史条件下的"政治"，即已展开在当代的"历史"：它是人类现代性的产生及对社会更新具有远见的总历史中一项不可或缺的条件。包豪斯不断地被打开，又不断地被关闭，正如它自身及其后继机构的历史命运那样。但是或许只有在这一基础上，对包豪斯的评介及其召唤出来的新研究，才可能将此时此地的"我们"卷入面向未来的实践。所谓的后继并不取决于是否嫡系，而是对塔夫里所言的颠倒：透过现况的镜头去解开那些仍隐匿于旧有之物中的概念。

用包豪斯的方法去解读并批判包豪斯，这是一种既直接又有理论指导的实践。从拉斯金到莫里斯，想让群众互相联合起来，人人成为新设计师；格罗皮乌斯，想让设计师联合起大实业家及其推动的大规模技术，发展出新人；汉斯·迈耶，想让设计师联合起群众，发展出新社会……每一次对前人的转译，都是正逢其时的断裂。而所谓"创新"，如果缺失了作为新设计师、新人、新社会梦想之前提的"联合"，那么至多只能强调个体差异之"新"。而所谓"联合"，如果缺失了"社会更新"的目标，很容易迎合政治正确却难免廉价的倡言，让当前的设计师止步于将自身的道德与善意进行公共展示的群体。在包豪斯百年之后的今天，对包豪斯的批判性"转译"，是对正在消亡中的包豪斯的双重行动。这样一种既直接又有理论指导的实践看似与建造并没有直接的关联，然而它所关注的重点正是——新的"建造"将由何而来？

六

柏拉图认为"建筑师"在建造活动中的当务之急是实践——当然我们今天应当将理论的实践也包括在内——在柏拉图看来，那些诸如表现人类精神、将建筑提到某种更高精神境界等，却又毫无技术和物质介入的决断并不是建筑师们的任务。建筑是人类严肃的需要和非常严肃的性情的产物，并通过人类所拥有的最高价值的方式去实现。也正是因为恪守于这一"严肃"与最高价值的"实现"，他将草棚与神庙视作同等，两者间只存在量上的差别，并无质上的不同。我们可以从这一"严肃"的行为开始，去打通已被隔离的"设计"领域，而不是利用从包豪斯一件件历史遗物中反复论证出来的"设计"美学，去超越尺度地联结汤勺与城市。柏拉图把人类所有创造"物"并投入到现实的活动，统称为"人类修建房屋，或更普遍一些，定居的艺术"。但是投入现实的活动并不等同于通常所说的实用艺术。恰恰相反，他将建造人员的工作看成是一种高尚而与众不同的职业，并将其置于更高的位置。这一意义上的"建造"，是建筑与政治的联系。甚至正因为"建造"的确是一件严肃得不能再严肃的活动，必须不断地争取更为全面包容的解决方案，哪怕它是不可能的。这样，建筑才可能成为一种精彩的"游戏"。

由此我们可以这样去理解"包豪斯情境"中的"建筑师"：因其"游戏"，它远不是当前职业工作者阵营中的建筑师；因其"严肃"，它也不是职业者的另一面，所谓刻意的业余或民间或加入艺术阵营中的建筑师。包豪斯及勒·柯布西耶等人在当时，并非努力模仿着机器的表象，而是抽身进入机器背后的法则中。当下的"建筑师"，如果仍愿选择这种态度，则要抽身进入媒介的法则中，抽身进入诸众之中，将就手的专业工具当作可改造的武器，去寻找和激发某种共同生活的新纹理。这里的"建筑师"，位于建筑与建造之间的"裂缝"，它真正指向的是：超越建筑与城市的"建筑师的政治"。

超越建筑与城市［Beyond Architecture and Urbanism］，是为 BAU，是为序。

王家浩
二〇一八年九月修订

目录

前言

创造美，热爱美，这是幸福体验的基本要素。如果一个时代不能认清这一基本事实，它就无法在视觉上变得清晰有力，那么，这一时代之像依旧会面目模糊，这一时代之兆也无从令人欣喜。

我自打少年时期起，就已经强烈地意识到，与古老的前工业化城镇所具有的统一和美观相比，我们这个现代的人造环境是如此的凌乱而丑陋不堪。在我的生命历程中，我也越发地确信无疑，如果还是沿袭建筑师们惯常的实践，只靠一栋栋美观的房屋就想缓解那些在各到各处都占据主导的杂乱无章的状况，那是无济于事的。恰恰相反，我们必须找到一套崭新的价值，并以那些组成要素为基础，整全地表达我们这个时代的思想与感受。

如何获得这种统合，由此形成真正民主应有的可见模式？这正是本书的主题。除了少许例外，本书绝大部分的章节都是基于我在担任哈佛大学建筑系负责人期间（1937—1952 年）所写的文章与讲稿。[1]

1__ 致谢：我的夫人伊泽［Ise］，出版此书的想法最初是由她提出的，还有弗兰克［Frank］女士，她承担了编辑和从我的手稿中挑选素材的工作。

导言 [1]

我的人生正在翻开新的篇章，然而与人们通常对年过七十之后的预期截然相反，在我看来它与先前的阶段并无二致，依旧是动荡不安，危机四伏。我很清楚人们在我身上贴满了标签，这样的一个形象或许到了面目模糊的地步。诸如"包豪斯风格""国际风格""功能风格"等名头，差不多早就把形象内核中的那个人包裹得严严实实。那些忙不迭的人只知道围着这个木头人的壳打转，而我急不可待地想在这壳上砸开几道口子。

我第一次引起公众关注时，还是个年轻人。我的名字开始刊登在报纸上。可是我发觉我的母亲对此并非欢喜，而是沮丧不已。那时的我相当郁闷，然而时至今日，在经历了那么多的事情之后，我完完全全能够理解母亲她当时所忧虑的是什么了。这个时代的飞速印刷，分门别类，大肆宣扬……所有的这一切套到一个活生生的人身上，就像往瓶子上贴标牌那样。每每如此，我就会涌起一股强烈的冲动，恨不能抖脱掉那些越结越硬的板壳，让世人再看一看这个被裹在标牌里的人。

1__1953 年 5 月，应芝加哥的伊利诺伊理工大学的邀请所做的演讲。

有人告诉我，在芝加哥迈克尔·里斯〔Michael Reese〕医院的园区里，人们将种下一棵树，冠以我的名字，为的是答谢我在过去的八年里，一直担任他们的建筑咨询顾问。我希望它能长成一棵让各色各样的鸟儿都可以栖息枝头的树。我希望这棵树不会限制任何的物种，无论是方头方脑的，流线轮廓的，还是国际范儿的，包豪斯款的……简而言之，我希望它是一棵殷勤好客的树，能让百鸟齐鸣，而不要弄些冒牌的鸟儿来学他人的舌。

当我还是个小男孩的时候，有人问我最喜欢什么颜色。后来的好几年里，家里人常常拿这件事调侃我，他们说当时我犹豫了好一会儿，回答道："Bunt ist meine Lieblingsfarbe"，意思是"我最喜欢的颜色是——彩色"。这种愿望如此强烈，我希望生命中每一个重要的组成部分都应该**包括**进来，而不要因为狭隘和教条去排斥其中的任何一个，正是这种愿望塑造了我整个的人生。由此也不难想象，在看到各种不同的现代设计学派的代表们为了那些词语而混战时，我有多么厌恶不已。挑起这些审美仗的通常并不是建筑师自己，而是那些自封为批评家的人，不管他们是出于善意，还是出于恶意。为了加持各自审美的或政治的理论，他们往往抓住建筑师们的某些言论，夸大其词，也不去深究那些话的背景和来龙去脉，从而糟践了人们具有创造力的所作所为。

在我的生命经历中，我发现纠缠于那些词语实在是弊大于利，尤其是那些未经经验检验的理论。1937 年来到美国之后，我很赞赏这里有一种倾向，即人们会直接以实践去检验每个新冒出来的主意，而不是劈头盖脸、夹枪带棒地去争辩它们可能具有的价值，从而将其扼杀在襁褓之中。就是这种坏习气，在欧洲挫败了人们如此多的努力。机械化和过分依赖组织化正在威胁我们的社会，拖垮了该有的效应。如果想要对抗这种状况，那么我们必须聚集起全部的气力和原创力，保住创造冲动的活力和效力，毕竟，这一伟大的品质不该湮没在喧嚣一时的理论偏见之中，不该湮没在聒噪不止、徒劳无功的争辩之中。

当然，福兮祸所伏，不停探索的头脑一旦偏离了寻常之路而另辟蹊径，反倒会被当作旁门左道，陷入四面楚歌的境地。在我所身处的那个年代，纳粹斥责我为赤色分子，共产主义者将我视作典型的资本主义社会的鼓吹者；而来到美国之后，又有人认为我是人地两生的"外来者"，不熟悉这里生活中的民主方式。所有的这些标签都贴在了同一个人的身上，从中不难看出我们的时代多么地让人晕头转向，那是由于一个人只心心念念于自己的信仰造成的。而我总是超然地看待我生命中倏忽而逝的疾风骤雨，这种态度来自经验，因为我信赖自己的指南针，如果连这都做不到的话，那么我们时代的各种狂潮早就不知道把我的船推向暗礁险滩多少次了。

但是，我也不想让人觉得我的这种超然是要将自己置身于时人共处的困境之外。我们对进步的载具失去了控制，这个时代已经造就出来的进步正在反过来践踏我们的生活。我的意思是，对机器的滥用炮制了一架大众心灵的碾压机，它夷平了个体的多样性与思想和行动的独立性。归根结底，多样性才是真民主的来源。但是诸多便宜行事的因素，诸如高强度的推销术、组织的过度单一化、只以赢利为目的，这些肯定已经损害了个体的能力，导致人们无法寻求和理解生活中更深层的潜能。

让形成鲜明对比的两种表现彼此间能够相互作用，这是民主的基础。一方面，我们需要心智的多样性，它起因于频繁密集的个体展现；另一方面，我们也需要区域表达的"公分母"［common denominator］[1]，它源自代际传承和日积月累，并将任意专断从本质与类型中一一地剔除出去。或许这两种表现看似无法调和，但是我坚信，它们不仅能够而且也必须融合在一起，否则的话，我们终将沦为机器人。

有位美国最高法院的法官曾经探讨过民主程序的实质究竟是什么，他将其定义为"本质上就是'**程度**'问题"，这一点我极为赞同。他不会以抽象的对错原则去裁案，而是把每件案子放在特定的情境和相对的比例中，因为他认为只有将相关的整个社会

1__ 这是格罗皮乌斯在本部文集中频繁使用的一个词眼，并多次出现在章节分段的小标题中，可以说是此书中的重点概念之一。无论是本书英文初版中的 common denominator，还是此后德文版中的 Generalnenner，都明确对位于一个数学常用术语，即汉语所谓的"公分母"。值得注意的是，格罗皮乌斯并非把"公分母"当作"基础"［basic］、"标准"［standard］这些常用概念的象征化修辞，他用这个词试图表达另一层更精微的意涵：一种足以对全部那些分离的事物重新赋予价值，使它们被重新认识的东西。这也可以从英语词 denominator 或德语词 Nenner 的词源中找到根据，二者的本义都是作为一种施动者的名词指"去完全地命名其他事物的人或事物"，这层深义是"基础"或"标准"等用语不能涵盖的。当"命名者"的含义在近代专门应用于数学语境时，就产生了我们对译为"分母"的固定术语，其本义就是"显示破碎的各部分（分数单位）的价值"。这层含义比较符合格罗皮乌斯反复申说的主旨。因而，尽管这个数学术语出现在上下文中略显突兀，为尊重作者本意，中译本没有采用"共同基础"或"共同标准"等更方便易懂的词对译，仍把 common denominator 译为"公分母"，特以引号提示。

结构考虑在内才是周全的。那些在今天或许还被人们当作有可能造成损害的事，随着条件的变化，到了明天或许就变得微不足道了，反之亦然。

我们所有人都必须在自己的生命中去磨炼平衡的感受和均势的情绪，让这两者变得更为敏锐。例如我们在斥责技术与科学，认为它们扰乱了先前的美与美好生活时，最好还是回想一下，究竟是技术化批量生产的机械，纷乱杂陈让人们至今无所适从，还是我们头脑中的惰性或防备心，抑或是我们自己的忽视，还没给这一发展提供应有的出路，才导致事情变成了这般模样。举个例子吧，完全以手工艺为基础的住宅开发，因为重复而枯燥乏味，我们这一代人为由此造成的恐慌而深感愧疚。于是就反过来，轻易地采用那些尚未考虑周全的预制系统与之竞争，原本它们只是房屋的组件部分，后来变本加厉地拿下了整栋房子，结果是死气沉沉的一式一样。此中的过失并不在工具上，而是出自我们的头脑中。准确地知道个体的本能在多大程度上应该被抑制或鼓励，或者我们的共同政策在多大程度上应该被执行或抵制，这种艺术显然是属于少数聪明人的特权，而我们迫切需要他们。我们这代人可以说是史无前例的一代人，如此波澜壮阔的画卷向我们眼前涌来，充斥着各种互相冲突的趋势。而那些留给我们的遗产却过于专门化了，无法让我们把自己武装起来去应对这一态势。人们必然会从我们创制出来的那些建筑中，揭示出我们究竟是以怎样的程度去尊重一直发展至今的社会模式。我们自己也是这一社会模式的一分子，无须刻意讳言我们个体对此的付出。

那些贴在我和其他人身上的令人误解的标签，我想至少能扯下一个来。我指的不是别的，正是"国际风格"。除非你想说的是我们这个时代特有的那些通用的技术成就，它们归属于每个文明国度的知识储备，或者你想说的是那些苍白无力的案例，从莫斯科到马德里再到华盛顿的公共建筑，从中都能找到它们的踪影，然而在我这儿，我只会将它们称作"应用考古学"。钢或混凝土的框架、条带窗、架在脚柱上的悬板或挑翼，所有这些都只是当代的手段而已，并不带有个人的色彩。打个比方，它们就像原材料，人们只有用到这些才能去展现具有地域差异的建筑。这就好比哥特时代的构造成就，拱顶、拱券、扶壁、尖塔等，后来成了国与国之间的共同经验。即便那些是共同的，不同国家的人也能在建筑表达上造就出令人瞩目的地域多样性！

说回我自己的实践，我在美国建造的第一栋住宅是自己的住宅。那时我就特别留意怎样把仍旧生生未灭且合乎需要的新英格兰建筑传统吸收到自己的概念中来。以当代的路线融汇地域的精神，正是基于完全不同的气候、技术与心理的背景，才创作了这栋我自己从未在欧洲建过的住宅。

我尝试以同样的方式，去面对这片土地上的前人们也曾经面对过的问题。他们建造得朴实无华，以当年能用到的最好的技艺手段，清晰地展现了所谓的房屋，就是既能经受严苛的气候，又要表达出居民们的社会态度。

我们当下的职责似乎是以我们大工业文明的特性去表现最佳的也是最为持久的价值，由此，我们应当为新的传统培育出核心的价值。当然，要想让文化的价值恰到好处地发挥出来，只有靠教育的稳步提升。在文化教育领域中，落在我们建筑师身上的主要任务之一，就是强调新的价值，并让它变得更为精准。我们要从潮起潮落的时尚沉浮中，要从批量生产的进程中，筛检新的价值，分辨哪些是有待发掘的转变，而哪些只是画蛇添足的改进。面对大生产和所有那些琳琅满目的货品和繁杂的类型，我们好像怎么选都可以，然而务必谨记，只有在探究本质和类型并不断地作出选择之后，文化的标准才得以形成。自己有意地设置一定的限制，绝对不是为了生产出那种了然无趣的一式一样，而是要提供给诸多的个体以机会，让他们为了共同的主题贡献出各自的变体，由此更有助于人们重构生活的统合模式。随着机器时代的降临，我们已然弃这种统合而不顾了。个体的多样性和为了全体的共同"分母"，这两相对立将在重构时再度和解。 ▬▬▬▬▬▬▬▬▬▬▬▬▬▬▬▬▬▬▬

第一部分

建筑师与设计师的教育

第1章

出路 [1]

　　我无意于灌输所谓的"现代主义风格"，而是打算引入一种寻求出路方法。那种源自欧洲的风格可以说已成定局，而这种方法却能让人根据一个问题所处的特定条件，从从容容地去应对。我希望一名年轻建筑师，无论他身处何种情形之中都能找到自己的道路。我希望一名年轻建筑师，能从自己所处的技术、经济与社会的条件中独立地创造出真真切切的形式，从中发现自我，而不是把已经学到的准则强加到周遭的事物上去，或许那些事物恰恰需要完完全全不同的解决方案。我所要传授的并非现成的教义，而是一种态度，不偏不倚，既具始创性，又富灵活性，去面对我们自己这一代人的难题。如果授予我的这项任命带来的只不过是让所谓"格罗皮乌斯的建筑"这一固定的观念不断增殖的话，那么对我而言，这毋庸置疑是一桩可怖至极之事。我真正乐见其成的是能让年轻人意识到，如果他们可以善用我们这个时代数之不尽的现代产品的话，那么创造的方式也将是用之不竭的，而且我还要勉励这些年轻人去找寻属于他们自己的解决方案。

1__1937 年 5 月，在我开始哈佛大学建筑学院的教学生涯之际，为《建筑实录》所做的一段陈述。

我自己的志趣在于把我基本的经验和潜在的方法传递下去，但有的人只不过想从我的作品中探听一些底细和窍门。但凡遇到这种情况，我确实时不时地会为此感到灰心丧气。靠着习得的那些底细和窍门，有的人可以在相当短的时间内就有所作为，这是理所当然的。但是，那点成就只不过是流于表面文章，而且也无法尽如人意，因为一名学生如果将要面对的是一种崭新的无法预期的情势，那么那些底细和窍门并不能真正地帮到他，仍旧会让他无所适从。如果不能将他训练得有所洞见，深入到有机的发展中去，那么哪怕再怎么煞费苦心地装点上现代的母题，他也无法胜任创造性的工作。

我的理念常常被人们描绘成理性主义和机械主义之登峰造极。然而这样的画面对于我所致力的事来说，完全是大谬不然。我一直以来所强调的是事物的另外一面，那就是人类精神上的满足，它与物质上的满足不相上下，而且比起结构上的经济性和功能上的完美来说，如何去实现崭新的空间愿景更加意味深长。那句所谓"合于目的即美"的口号仅仅道出了一半的真相。什么时候我们会夸赞一张人脸是美的呢？每个人的脸可以说都是合乎目的的，但是只有当完美的比例和色彩达到平衡的和谐时，它才配得上如此的"美"称。建筑上亦同此理，只有当它的技术功能及它的比例达到了完美的和谐时，其结果才是美的。这也使得我们的任务如此繁多和复杂。

以我们建筑师之手去帮助我们的同代人，走向合乎本性与情理的生活，让人们不再为那些编造出来的伪神灵付出沉重的代价，比起以往任何时候我们都更需要这一点。只有毫不畏惧，从尽可能开阔的角度为我们的工作找到出路，才能对这项要求负起应尽之责。**好的建筑应当成为生活自身的投射，那意味着将生物、社会、技术和艺术等诸多问题更为紧密地关联在一起的知识。**但即便如此，还是尚欠火候。如果想要从所有这些人类活动的不同支脉，去创建出一种合流，那么还需要一个更强有力的角色，通过教育的方式只能算是部分地实现了目标。而我们的至高目标仍旧是创造出这样一种类型的人，他们能将这一实体视觉化，而不是早早地将自己汇入专门化的狭流沟渠中去。我们的世纪业已形成了数百万的专家类型；而现在，让我们为那些远见卓识之人开辟道路吧。

第2章

我的包豪斯理念 [1]

目标 ▬ 第一次世界大战之前，我就已经在建筑领域打下了属于我自己的地基，1911 年法古斯的建筑和 1914 年科隆德意志制造联盟的展出便是明证。而这次大战导致的后果是，我依据自己的反思在内心深处完完全全意识到了一名建筑师应有的责任感。而我在理论上的落脚点正是在此期间初现雏形的。

在那场狂暴的喷涌之后，每个有头脑的人都会感到亟须改变智识活动的现况。每个在自己特定领域活动的人，都对弥合现实与理想之间那道灾难性的鸿沟充满热望。而我也开始逐渐意识到落在我们这一世代建筑师肩上那无比浩繁的任务。我很清楚，首要的是勾勒出建筑的崭新视野，我从来就没指望过单凭我自己在建筑上的那些贡献能去实现这一点，不过要是在一所获得授权的试点学校里，让新一代的建筑师接受训练并常备不懈，让他们更近距离地接触现代生产的方式，那注定会有所成就的。

1__ 参见 The New Architecture and the Bauhaus by W. Gropius, Faber & Faber, London, 1935. "Education towards Creative Design" by W. Gropius, American Architect and Architecture, New York, May 1937. "The Gropius Symposium" in The American Academy of Arts and Sciences, Arts and Architecture, California, May 1952.

同时我也清楚，如果想要让这成为可能，还需要一整套合作者和助手的班子。这些人不能像管弦乐队那样听命于指挥棒的指挥，而是个个都得独当一面，当然他们还要为了更长远的共同事业紧密地合作。这样一来，我尝试着将我的工作重点放在综合与协调、包容而非排斥上，那是因为我感受到了建造艺术取决于积极的合作者相互间协调的团队工作，他们的合作象征着我们称为"社会"的合作有机体。

由此，包豪斯在1919年正式揭开帷幕时，就抱定去实现现代体系建筑术这一特定的目标，就像人之本性那样，它旨在在其所及之处能够包罗万象。从一开始，它便审慎地专注于现如今已势在必行的紧迫工作，即如何避免人类遭受机器的奴役，从机械的无政府状态中挽救大众产品和家庭，并且重新赋予他们以意图、感受与生命。这意味着逐步发展出特地为工业化生产而设计的商品和建筑物。我们将目标设定为既要消除机器的弊端，又不牺牲掉它任何一项实实在在的优势。我们致力于实现卓越的标准，而非创造瞬间即逝的新奇之物。一旦实验再次成为建筑的中心，那么需要的并非狭隘的专家，而是宽广的胸怀和协调的头脑。

包豪斯在实践中倡导的是所有形式的创造性工作的共同公民权，以及它们在现代世界中相互依存的逻辑关系。我们的指导原则认定设计既不是智识的也不是物质的事务，而只是生活中无法分割的一部分，它对于文明社会中的每个人都是必不可少的。我们立志将具有创造性的艺术家从他空想的社会中唤醒，并使其重新融入现实的平凡世界中。与此同时，拓宽商人死板得几乎完全靠物质驱使的头脑，并将它人性化。我们这种使所有的设计从基础上与生活相关联的概念，恰恰与"为艺术而艺术"截然对立，我们还可以溯源到这句话的发端，那一更具危险性的理念，所谓生意本身就是目的。

这也可以用来解释我们为什么会专注于技术产品的设计，以及它们在制造过程中的有序组织，而恰恰是这样，反倒引发了人们以讹传讹的理念，所谓的包豪斯将自己设定为理性主义的典范。然而现实是，我们更专注于探索形式和技术领域的共同疆土，不仅如此，还要界定出它们是从何处开始分道扬镳的。将生活中实用的机械标准化并不意味着要将个体机器人化，恰恰相反，那是为了减轻不必要的生存负担，以便让他可以在更高的层面上更为自由地发展。

此前，人们时不时地就会误解我们真实的意图，甚至直到现在依旧如此。换言之，人们以为这场运动是为了创造某种"风格"，并将摒弃装饰和时代风格的每栋建筑与每个物件当作想象中的"包豪斯风格"的例子。这和我们所致力达成的目标背道而驰。

包豪斯的目标并非宣扬任何"风格"、体系或教义，而只是在设计上施加让它能重现生机的影响。如果存在所谓"包豪斯风格"的话，那就相当于承认了失败，回归到了惯性，从而丧失了生命力，就像我此前与之斗争的那些故步自封的学院派一样。而我们尽力去找寻的是一条崭新的出路，以促进那些参与其中的头脑的创新状态，而且这条出路最终会通向面对生活的崭新态度。就我所知，包豪斯在世界上是第一所敢于在课程中明确地体现这一原则的学院。分析我们工业化时期的状况以及它不可抗拒的趋势，在前方引领着这一课程的概念。

艺术和工艺的学校 ▄ 在最近的那个世纪里，由机器制造的产品看来已席卷了世界，而手工艺人和艺术家陷入了窘境，随之而来的就是自然而然的反弹，接连不断地反对形式的放纵和品质的下滑。拉斯金和莫里斯，他们最先直面这股洪流，但他们针对机器的反对声无法阻挡浪起潮涌。直到很久以后，那些对形式发展充满兴趣却又被搞得不知所措的人终于明白了，只有接纳机器并用心灵去征服它，艺术与生产才有可能重新联合起来。所谓为"实用艺术"创办的"艺术和工艺"学校主要在德国兴起。但是，其中的大部分在遇到需求时都半途而废了，那是因为他们的训练过于肤浅表面，在技术上过于外行，还不足以带动真正的进展。一边是制造商们，持续制造着大量形体糟糕的商品，而另一边是艺术家们，为了提出理想化的设计而斗争，却枉自徒劳而返。麻烦的是，这两边所能突破的都还不够远，无法打入对方的阵营从而将双方的努力有效地融会贯通。

手工艺人是另一种情况，他们在中世纪的文化中是既强劲又自力的典范代表，但是随着世代的流逝，这一形象已渐行渐远。他们曾经完全掌控着自己身处的那个时代的生产，他们是技工、艺术家、小店主的混合体。一旦工坊转成商铺，工作过程转手他人，手工艺人也就变成了店主。完整的个体一旦丧失了自己工作中的创造性部分，便降格成了局部的存在。他训练和教导自己学徒的能力正消逝不见，年轻的学徒工逐渐转移去了工厂。而到了那里之后，他们却发现自己被毫无意义的机械化裹挟了，这消磨着他们的创造本能，也削弱了他们在工作上的愉悦之情。他们好学的那一面也很快不知去向了。

手工艺和机器工作的差异 ▄ 究竟是什么原因导致了这一正在衰落的过程？手工艺和机器的工作之间存在着怎样的差别？**工业与手工艺的差别远不是因为各自工具的属性不同，而应当归咎于一方是劳动力的分化，另一方是一名工作人员浑然一体的控**

制。对个体主动权的强制性限制是当前工业的形式具有胁迫性的文化危险。唯一的补救方法是我们在面对工作时需要完完全全地另眼相待，不该贬低个人在其中尽其所能的力量及其重要性。尽管基于理智的认识，技术的发展已经显示出劳动力的集体形式比起单个个体擅权的劳动力来说，能引领人类获得更为总体的效率。但是如果有可能，把个体的力量和重要性放到全盘的工作中而各司其职，甚至反倒可以提高它的实践效率。之所以人们在机器生产中无从察觉这种态度，只是因为现有的经济方式无所不用其极地配置着体力劳动者，这样一来便剥夺了他们的生存基础。这并非要人们去模仿手工的方式，而是为了把人从沉重的体力劳动中解放出来，并且强化人的手这一器官，以便使人的创造冲动得以体现。我们还没能掌控新的生产方式，还不得不为随之而来的结果吃苦遭罪，但是这些事实并不能用来当作质疑机器必要性的有效论点。主要的难题还是在于如何探索最有效率的方式，能在全盘的组织化中分配创造的能量。曾经充满智慧的手工艺人在未来将承担起责任，在工业商品生产中从事具有推断性的初步准备工作，而不至于被强行拉入机械化的机器工作中去。手工艺人的能力必须用在实验室和工具制作的工作上，并且将这种能力与工业融合成崭新的工作单元。现如今，出于经济的原因，那些年轻的工匠技师要么被迫降级到工厂工人的水平，要么被动地成为实施他人的，也就是艺术家－设计师理念的器官而已。在任何一种情况下，他都不会再解决他自己的问题。靠着艺术家的助力，他产出了商品，那些只不过是符合新品味的带有装饰细节的商品，尽管它们与品质脱不了干系，但仍然缺乏任何深植于结构发展中的推进，缺乏从崭新的生产方式中孕育而来的知识。

接下去为了能给新兴的一代人指出一条更有希望的出路，引导他们走向成为设计师、手艺人或者建筑师的未来职业化之路，我们必须做哪些工作呢？为了能够筛选出富有艺术禀赋的人，并且通过大量的手工和心智的训练让他适合工业生产中独立的创造性工作，我们又必须创造出怎样的训练机制呢？以转化出这种新类型的工人为目标的培训学校只在非常孤立的几个案例中脱颖而出，而这种新型的工人能够将艺术家、技术人员和商人的素质结合起来。恢复与生产的接触，训练年轻的学生们兼具手工和机器工作的能力，同时还能成为设计师，可以说这类尝试之一正是由包豪斯创制的。

包豪斯的训练：初步课程 ▬ 包豪斯的目标是将具有艺术才能的人训练成正如雕塑家、画家和建筑师那样的在工业和手工业中的设计师，以建造中的团队工作为目标，以全部手工艺在技术和形式上的协调训练为基础。现如今人们从一开始就太过依赖传统的专门训练，而这种训练仅仅传授给他某种专门化的知识，却无法让他认清其所作所为的意义与主旨，也无法让他认清自己所身处世界中的全面关联，而在包豪斯那里，要抵制的正是这种训练，在他自然而然地准备好将生命作为一个整体去把握时，不能在一开始就把重点放在所谓的"商务"上，而要放在所谓的"人"上，包豪斯的训练基础是初步课程，将学生们引向比例和尺度、节奏、光、影和颜色等的体验中，而且同时借助所有种类的材料和工具，准许他通过原初经验的每个阶段，在自己自然天赋的界限中找到立足之地。这一历时六个月的训练，意在使智性、感受、理念得到发展与成熟，以逐步形成"全人"的普遍目标，从人这一生物学中心出发，"全人"能以直觉的确定性接近生命的全部，而且也不会再不知不觉地被我们这个所谓"机器时代"的冲击和动荡带往出乎意料之处，从而弄得进退失据。反对意见认为在这个工业经济的世界中，这种普遍的训练目标意味着挥霍或者浪掷时间，而以我的思考和经验来看，并不尽然。恰恰相反，根据我已有的考察，这种训练不只给了学生更强大的信心，还相当能提升他此后接受专门化训练时的效率与速度。只有在他更早年间就唤醒他对周遭世界各种现象之间的相互关联的理解力，他才有可能将他自己个人的贡献汇流入海，融入他所处时代的创造性工作中去。

为了让未来的手工艺人和未来的艺术家都能在包豪斯接受相同的奠基训练，这种训练必须足够宽广，让每一种天分都能找到它自己的方法。全盘训练的同心结构正是从一开始就体现了设计和技术的所有本质部分，为的是赋予学生们直接的洞察力，深入他未来活动的所有领域。而进一步的训练只是增加了广度和深度；这种训练与初级"基础训练"并没有本质上的不同，只是程度上和彻底性上的区别。同时，借助材料和工具的初步练习，设计上的训练也就此展开。

视觉的语言 ▬ 除了技术和手工艺的训练之外，设计师还必须学习特定的造型语言，这是为了能赋予他的理念以视觉化的表达。他必须吸收那些与客观上有效的视觉事实相关联的科学知识，那是一种引领造型之手的理论，它提供普遍的基础，让一众个体能够和谐地共同工作。这种理论并非顺理成章地成为艺术作品的配方，却是在设计上展开集体创作的最为重要的客观手段。最贴合这一理论的解释不妨借用音乐世界中的案例，那就是对位法的理论，或许随着时代的变迁，它已历经改变，但即便如此，它仍然是一套超个体主义的体系，可以用它来矫正复调的世界。掌握它是必要的，以免音乐的构想迷失在一团混乱之中；因为创造性的自由并不是无穷无尽地附身于表现和形式中的方法，而是能够在它严苛的限制法则中自由地运动。学院派，当它还是一股生机勃勃的力量时，它的任务原本从一开始就是趋向并发展出这样一种视觉艺术的理论，然而因为它不再接触现实，时至今日，它已然无法完成这项任务了。因此，包豪斯进行了更具张力的研究，重新去发现这一设计的语法，以便提供给学生某种视觉事实的客观知识，例如比例、视错觉、色彩等。比起任何模仿旧有形式和风格的教诲来说，细致的培养以及对这些自然规律的深入调查，更接近于真正意义上的传统。

工坊的训练 ▅ 在这一训练过程中，包豪斯的每一名学生完成初步课程之后，必须进入由他自己选定的工坊。在那里，他同时在两位大师手下学习——一位是手工大师，另一位是设计大师。由两位来自不同群体的老师来启动的理念是非常必要的，因为很难找到合适的人做工作部门的领导者，艺术家在技术上智识不足，而手工艺者又不充分具备艺术问题上的想象力，所以不得不首先训练出能将这两者的特性调和起来的新的一代人。在后面的几年里，当此前的学生兼具了技术和艺术的经验时，包豪斯也就可以顺利地安排他们担当掌管工坊的大师。不难看出，到了那个时候再将这一职务分作形式大师和技术大师，就是多此一举了。

包豪斯工坊里的手工艺训练，必定不是以其自身作为目的，而是在教学中无可取代的一种方式。这一训练的目标是培养设计师，使得他们能够深入了解材料与工作过程，从而影响我们这一时代的工业生产。因此，试着去创制出为工业而做的模型，不只是设计出来，实际上是在包豪斯的工坊中制作出来。它们主要关注为日常使用的物品创造出标准型。这些工坊本质上就是实验室，人们在那里精心地开发并持续地改善产品的模型。即使这些模型出自手工，模型的设计师也必须完全熟悉工业规模的生产方法，由此在这种训练中，包豪斯将最好的学生送往工厂实际工作一段时间，反过来，技术娴熟的工人也从工厂来到包豪斯工坊，与大师和学生们共同探讨工业上的需求。这种方式激发出了彼此间的影响，这种影响表现在有价值的产品上，无论是技术品质还是艺术品质都能得到制造商和顾客的赞赏。

标准型的发展 ▅ 创造出日常商品的标准型，这是社会之所需。标准生产绝非我们自己这个时代的发明。改变的只是生产的方法。长久以来，它意味着文明的最高水准，追求最好的事物，从个体与偶然之中，将本质的与超个人的事物分离出来。当前比以往任何时候都更有必要去理解 "标准" 这一概念下的潜在意义，换言之，它是事关荣誉的文化主题，而且我们还要坚定不移地与那些肤浅的口号宣传做斗争，与那种过于随随便便地就抬高工业化批量产品等级的宣言做斗争。

在与工业界的合作中，包豪斯还特别重视让学生更为切近地接触经济问题。我反对那种谬论，所谓学生在艺术上的能力可能会因经济、时间、金钱和物质消费等意识的增强而受损。显而易见，我们要从根本上分清两者的不同，其一是实验室中在时间上几乎不受严格限制的创作，其二是要求在确定日期内完成的工作，换言之，我们要对发明模型的创造进程与涉及批量生产的技术进程有所区分。创造性的理念不能按部就班地来，但是模型的发明者必须发展出训练有素的判断力，哪怕时间和材料上的消耗在模型自身的设计和执行中只扮演着从属的角色，不仅如此，他还要对随之而来的将模型投入批量生产的经济方法有所判断。

包豪斯训练的整个体制展现出联系实际问题的教育价值，这推动着学生们克服所有内外的摩擦。在执行实际的订单时，大师们必须协作，这是中世纪手工艺的训练所具备的突出优势之一。出于这个原因，我努力为包豪斯争取到了有十足把握的实际委托，不管是大师还是学生都能在这些委托中对他们的创作进行检测。尤其是建造我们自己的学院大楼，更可以在那里让整个包豪斯和它的工坊共同协作，这是一项理想的任务。我们工坊中制作出来的所有种类的新模型都放在那里展示，让我们能够在建筑物的实际使用中展示它们，这样一来可以更为彻底地去说服制造商，让他们有信心与包豪斯签订特许使用权的合同，并且随着营业额的增加，也证明了该收入对于包豪斯来说是有价值的源泉。同时这种有着实际创作义务的体制也给那些已经由学生们创作出来的可以用作销售的物件和模型，提供了支付费用的可能性——哪怕这些作品是在他们三年的训练期间完成的。而这也为很多有能力的学生谋得生计的方式。

经过三年的手工和设计的训练之后，学生必须通过由包豪斯的大师和"手工艺委员会"的共同考试，以便获得熟练工的证书。对于那些想要继续学习的学生来说，第三个阶段是建造训练。在实际的建造基地上合作，实际地去实验新的建筑材料，除此之外还要在设计中学习手工艺和工程，然后拿到包豪斯大师的许可证书。接下来，学生会根据他们各自特定的天分，要么成为建筑师，要么成为工业中的合作者，或者成为教师。在工坊中贯彻手工训练可以让那些原本觉得自己不太可能成为建筑师的学生具备非常有价值的能力，去从事这一需要面对更为综合复杂任务的职业。包豪斯的逐级推进和多种多样的指导能够将他的精力聚集到最适合发挥自己能力的那类创作中去。

包豪斯作品最为本质的要素，就是随着时间的流逝逐步在全部的产品中形成的某种确定的主导性：这是有意识地发展协作精神带来的改变，哪怕是相去甚远的个性与个体之间的协作亦是如此。它并非以外部的风格特征为基础，而是尽力地按照它们内在的规律，简洁而又实诚地设计产品。由此创制出来的形态所能承担的并非崭新的时尚，而是清晰回应的结果，以及在技术、经济和形式所给予的方向上数不胜数的思考与创作的过程。单靠个人不可能实现这样的目标；而只有靠许多人的协作，才能成功地找出超越个人层面的解决方案，并且在将来的好些年里保持这一效应。

有创造力的教师 —— 任何一种理念的成功都有赖于那些负责去落实之人的个体属性。教学机构能否取得成果，选择正确的教师是决定性的要素。比起他们在技术上的知识和能力来说，一个人的个体属性扮演着决定性的角色，而能否顺利地与年轻人进行颇有成效的合作，恰恰有赖于大师的个性。**如果学校能招揽到具有杰出艺术能力的人，那么为了他们各自更为长远的发展，从一开始就应该给予他们更为广泛的可能性，要给他们时间和空间从事个人创作。**让这样的人在学院的工作中能够持续地进行他们自己的创作，这是无须多言的实情。创造性的氛围对一所设计学校来说，是如此之根本，只有在这种氛围里，年轻人的天分才能得到发挥。这才是重中之重，而其他所有会影响到组织的问题都必须从属于此。没有什么比学校的教师年复一年地被迫把他们全部的时间放在课堂上更会削弱设计学校的活力了。哪怕他们中最优秀的人也会厌倦这种无休无止的生活循环，到那时肯定会变得僵化。**事实上，艺术不像科学那样，能够从一本书开始循序渐进地学习，所以艺术并非科学的分支。**艺术只能借助设计大师和他的作品案例的典范作用，影响到整个人，使其内在的艺术能力得到强化。设计上的训练不同于技术和科学的科目，通过讲座的进阶课程就可以习得，如果想要有所成就的话，必须在艺术家个人灵活的引导下，尽可能地自由展开。旨在给个体和群体的创作以方向和艺术动机的课程，并不需要非常频繁，但必须提供要领用来激励学生。绘画的能力时常会与形成创造性设计的能力相混淆。尽管手工艺中有灵巧的一面，但是那只不过是一种技能，一种用来表达空间理念的有价值的方式。但是绘画上和手工艺上精湛的技巧并非艺术。艺术的训练必须为想象力和创造性力量提供养分。强化的"氛围"是一名学生可以接收到的最为有价值的事情。这样的一种"流动状态"只有在面向共同目标的一众个人共同工作时才能生长出来；它既无法用组织去创造，也无法以时长去规定。

包豪斯这颗勇于冒险的种子为什么还没能更为迅速地发芽，当我自己试着去找出其中的原因时，我意识到上一代人对人之本性中灵活性的需求，实在是太过广泛了。所有活动领域中的激流持续变化——无论是物质的，还是精神的——人们却出于自然的惯性跟不上步伐。

　　文化上输入的理念不可能比它想要服务的新社会自身的传播和发展更快。然而，我并不认为下面的这种说法夸大其词，那就是当我试图以方法上的整体性去维护包豪斯这一社群时，就已经有助于重新将当前的建筑和设计恢复成社会的艺术。■■■■

第3章

存在设计科学吗？ [1]

许多年来，我系统地收集了关于人类的视觉现象以及它与其他感官之间相互关联的事实。还有就是形式、空间和色彩带给我们心理上的体验。这些与任何结构和经济的物质问题同样都是现实的，在这里我不会就后者展开阐述。**我认为心理上的问题事实上既是基础的，也是首要的，相对来说，设计中的技术组成部分是我们智识的辅助之物，用于以有形去实现无形。**

设计，这一术语广义上涵盖了人工的、视觉的环境等周遭事物的整个范围，从简单的日常商品到整座城镇的复杂模式。

如果我们能够创建一个理解设计的共同基础——并非个人的解释，而是一种以客观的结果就能达成的"分母"——那么，它就可以为任何类型的设计所用；无论是一栋大房子，还是一张简单的椅子，设计的过程从原则上来说并没有什么不同，只是程度上的区别。

人类个体与他的同类有着某种确定的共同特性，他以这种方式感知并体验自己的物理世界。**至关重要的是，感知来自我们自己，而不是我们所见的客体。**如果我们能

1__ 参见 "Design Topics" by W. Gropius, Magazine of Art, December 1947.

够理解我们所见事物的本性以及我们感知它的方式，那么我们就能更多地了解人造的设计对人之所感与所思的潜在影响。

许多年前，我看过一部名为《街道》[*The Street*] 的电影。它以一个令人印象深刻的场景开场，让观众一下子就把握了一出婚姻戏剧中错综复杂的网络。开头是妻子，接着是丈夫，他们都透过窗口望向街道。妻子看到的是灰暗的细枝末节，就像日常生活原本的样子。但是她的丈夫投射了自己的想象，赋予他眼前的生活以意义，这就给同一个场景带来了富有光彩而又强烈的感受画面。

现实与幻觉 ▅ 我至今还记得在我读到韦恩州立大学厄尔·凯利 [Earl C. Kelley] 关于"什么才是现实的教育"这项研究时它带给我的感受。这项研究的成果已经由最近与新罕布什尔州汉诺威的达特茅斯眼科研究所合作的感知实验加以证实。这项令人瞩目的研究中有一份基础报告如下：

我们所获得的感知，并非来自我们周遭的事物，而是来自我们自己。因为它们并非来自眼前的环境（当下时刻），很显然也不可能来自未来，而是来自过去。如果它们来自过去，那么它们必然是基于体验的。

例证如下：你面前是三个眼睛瞳孔尺寸大小的窥视孔，让你依次透过这些孔洞去看。孔洞后面的材料光线充足。通过每一个孔洞，你都会看到一个立方体，它有三个维度和方形的边。通常这三个立方体看来大致是相同的。所有形象显现的距离也是相同的 (图1)。

接下来，再让你看窥视孔穿过的板的背后。这样的话，你会看到其中一个孔的背后，确实是一个由线构成的立方体。然而，另一个平面的绘图上，几乎没有平行的线。第三个是从视线处呈放射状线条之间拉伸的一些线。

从场景的背后去看，后两者完全不像立方体。然而，在每种情况下所感受到的又都是立方体。

迥然不同的素材在我们眼睛的视网膜上得到的结果是完全相同的图案，由此也产生了相同的感受。这种感受不可能来自素材，因为其中两个孔洞后面并不是立方体。因为那个图案并非立方体，所以不可能是来自视网膜上的图案。立方体并不存在，除非我们将它称为立方体。由此，感知并不是来自我们周遭的素材，而是来自我们自己，来自先前的体验。

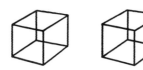

图 1 |
现实与幻觉

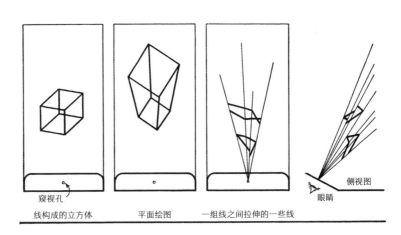

窥视孔　　　　　　　　　　　　　　　　　　　　　　　　　　　眼睛　　　侧视图

线构成的立方体　　　平面绘图　　　一组线之间拉伸的一些线

相类似的是，摇篮中的婴儿在他生命中第一次看到月亮时，就试图去抓它。一开始他所看到的仅仅是视网膜上的反射图像，在此后的日子里，**就获得了经由体验得来的符号意义**。但我们无须再返回到小孩那并未发展成熟的心智中。

潜意识的反应 ▃ 举个例子，当你驾驶着一辆车行进在一条泥泞的道路上，一辆过路车从相反的方向驶来，把污泥溅到了你的挡风玻璃上时，你就会闭上眼睛躲闪，这种下意识的反应是自动作出的。尽管我们的理智告诉我们，有挡风玻璃保护着，然而我们的眼睛每次都会作出反应，避开可能的危险。显然我们的眼睛不甘冒任何一次风险。

想象一下，你在离地二十层楼高的阳台上，阳台有垂直的开放式栏杆。尽管这栏杆给到了你物理上的保护，但是如果你往下探看的话，还是会产生一种眩晕的感觉。然而，如果我们将护栏覆盖上挡板（纸板或者纸），眩晕感就会立即消失，因为这种围合物会给眼睛提供帮助，以某种安全的幻象，重新确立了我们的平衡。尽管事实上并没有增加任何物理上的安全性，可是眼睛却不知道这些，它自顾自地作出了反应。

在水平方向也有与此相对应的现象，那就是所谓的广场恐惧症。换言之，也就是对开放空间的惶恐不安，对此敏感的人穿过大型开放广场时会感到恐惧 (图2)。在这种与人的尺度不符的空间里，他们会感觉到迷失。但是如果在这些开放空间中竖起一些垂直的面，就像舞台的侧翼那样，比如说灌木，或者栅栏，或者墙体，就会复归到安全的幻觉，恐惧感也会随之消失；因为在空间中探索的人的视线，现在找到了一个参照系来支撑他们；当他们在视野中抓到了实处时，他们就能像雷达那样勾勒出它的轮廓。

这些例子显示出了一种分离，一面来自身体的感知，另一面是我们理智上的知识。在无意识层面上，我们人类的本性显然就像船上的指南针那样坚定不移地作出反应；它不受任何智识的影响，而是受制于幻觉。

设计教育 ▬ 我的观点是艺术创造之所以能勾勒出它的生命力，正是因为它是从我们之所以存在的潜意识与意识能力这两者间的张力中来的，也就是在现实和错觉中

图 2 |
凡尔赛宫入口广场

摆荡。因此，这种个体的潜意识或者直觉力也是他所特有的。对设计教育者而言，将自己的主观感受投射到学生的头脑中去，是起不到作用的。他所能做的就是以现实为基础，以那些对我们所有人都是共通的客观事物为基础，以此发展出他的教学。但是，什么是现实？什么是错觉？这类研究需要清醒的头脑，不受智识上一鳞半爪的积累所左右。托马斯·阿奎那［Thomas Aquinas］曾经说过，"我必须清空自己的灵魂，上帝方才可以进入"，这种去除偏见的撤空正是创造性概念的头脑应有的状态。但是，我们当下在智识上对书本教学的强调并不鼓励这种精神风气。设计教师的首要任务应当是让学生从自己智识上的挫折中解脱出来，鼓励学生相信自己的潜意识反应，尝试恢复自己在儿童时期那种不带偏见的感受力。接下来，设计教师必须在过程中引导学生，消除顽固成见，防止故态复萌进入到模仿的行动，帮他发挥自己的观察和经验，由此找到可以表达的共同"分母"。

如果设计成为一种特定的无意识感知的表达语言，那么它必须有自己的尺度、形式和色彩的基本代码。需要由它自己的组构语法整合这些基本代码并转化成信息，通过感官表达出来，比起语言文字来说，这其实更能拉近人与人之间的联系。这种交流的视觉语言散播得越广，共通的理解力就越好。这正是教育的任务：以光、尺度、空间、形式和色彩的方式去传授那些影响人心智的事物。那些暧昧的措辞，比如说"房子的气氛"或者"房间的舒适度"等，应当用特定的术语加以精确界定。设计师必须学会如何去看，他必须了解视错觉的效应，形状、色彩和肌理对心理的影响，对比、方向、张力和静止等效应，并且他必须学会去把握人类尺度的意义。我举例说明如下。

我们观看方式的生物学案例 ▬ 就像我们已经看到的那样，人用感觉经验感知他的物理环境。我们的视觉感知和我们的触觉感知在这一高度复杂的观看的生理行为中相互补充。我们的视网膜就像照相机的镜头投射到感光的胶片上那样，为我们提供一幅平面的图像。获取空间中的距离经验必须靠每个个体触觉感知的支持。不妨回想一下小孩伸手碰触月亮的案例 (图3)。

(图4) [1] 人眼的构造与照相机的镜头非常相似。

(图5) 最为常见的错觉是人眼看到的环境其实是一个颠倒的镜像，经由从很早的年

1__ 图 4 ~ 图 11 来自弗里茨·卡恩博士的《人类》［*Der Mensch*］（穆勒出版社，苏黎世，1939 年）。

纪就已经从实践中获得的心理上的修正方式，我们再将这一图像颠倒一圈，让它与现实相一致。

(图6) 人眼的剖面图解所展示的角膜、晶状体和视网膜。

(图7) 让我们深入考察一下眼睛：调节肌（a）可以使晶状体韧带（b）旋转和伸展；虹膜（c）的纵向纤维，在瞳孔收缩时使瞳孔扩张；当瞳孔收缩时，圆形纤维（d）会减小瞳孔的大小。虹膜下面是晶状体，上面是角膜的圆顶。

(图8) 照相机的虹膜光圈与人眼的比较。左图，快门光圈收紧，右图放松，就像照相机中的收缩膜，用以锐化图像。

(图9) 这张图展示了人眼的调节——不仅是快门光圈，也包括镜头。从上图可以看到，镜头变平，锐化了图像的调整，下图因为错误的调节，图像模糊了。复制和印刷图片的技术采用了与人眼一样的自然原理，使用了滤或屏。

在人的眼睛里，图像通过晶状体投射到视网膜上，被视网膜的视杆细胞和视锥细胞分成小点，因为每一个细胞只能看到一个不比它自己大的点。受到强烈刺激的细胞向大脑反馈"光"，而受到微弱刺激的细胞反馈的是"暗"。如果把视网膜的图像放大数百倍，我们就可以看到它就像放大版的半色调版画那样由点组成。

(图10) 这是人眼的电视装置，就像广播电台把光学图像转换成电流（a，b，c），支撑的屏（g，h），光电管（f），连接细胞（e），大的传递细胞（d），神经电缆（i，k），保护基座。

(图11) 人眼就是一台组合摄像机，在白天和夜间都能拍摄。左侧视网膜的视锥细胞是强光感受器。它们获取更多光线，产生轮廓清晰的全色照片。右侧我们眼中的视杆细胞是弱光感受器。它们对光的敏感度较高，但形成的是模糊的带色差的照片。

视网膜的曲率就像是我们眼中的镜头，它是图像上某种扭曲的源头。这一复杂需求进一步地将我们的空间感知进行必要的联合，这是大量视错觉共同的起因。对于设计师而言，这些有关视错觉的知识看来是不可或缺的。

视错觉 ▬ 月球地景表面上清晰可辨的坑穴 (图12)，如果我们将这张图片上下翻转，它会呈现出凸起的效果 (图13)。原来图片上在山谷中流淌的溪流，现在越过了波峰。对于那些原本的视角看到的现实而现在颠倒过来了的景象，我们的眼光无法调整这种往复运动所带来的错觉现象。现代的抽象画家已经在使用那些耐人寻味的相互作用的形式元素，可以解读成或凹或凸，由此给出了动态的错觉。

图3 |
九个月小孩子的视野

图4 |
照相机与人眼

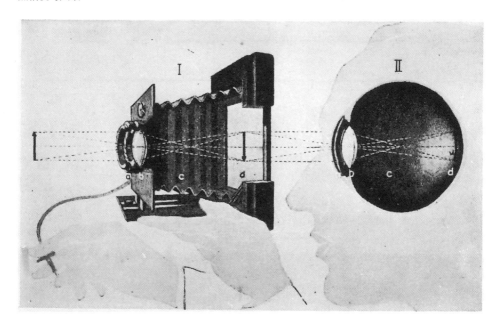

图 5 |

常见的错觉

图 6 |

人眼的剖面图解

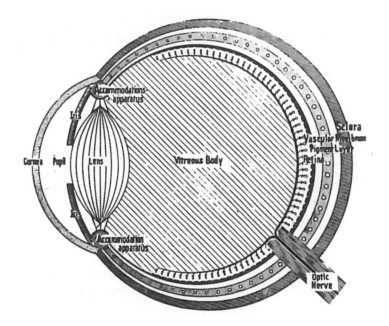

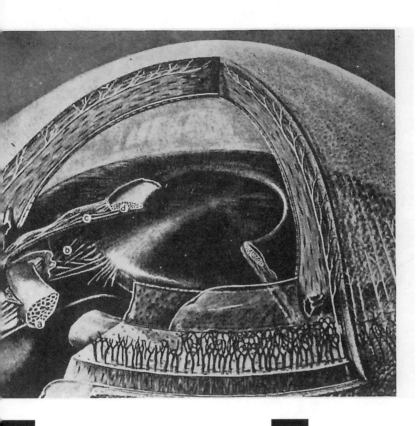

| 图 7

人眼内部

图 8 |

照相机虹膜光圈与人眼比较

图 9 |

人眼调节

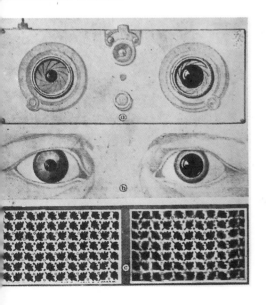

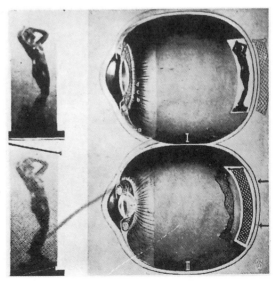

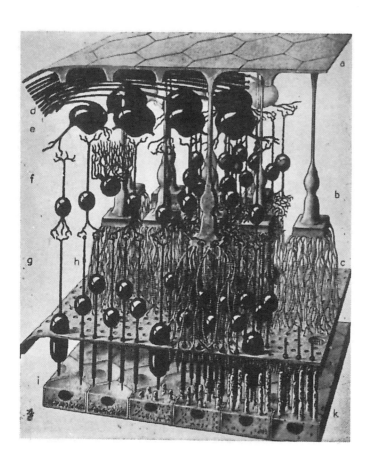

| 图 10

人眼的电视装置

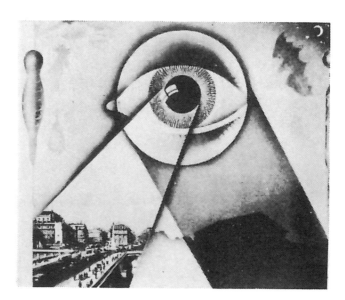

图 11 |

人眼，日夜拍摄的组合摄像机

图12 |
月球表面凹坑

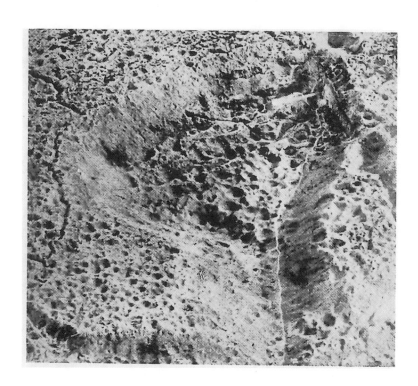

图13 |
同一图片颠倒

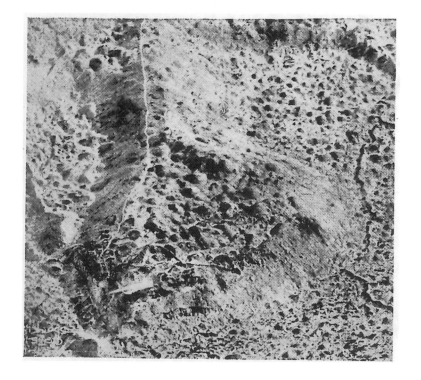

一个精确标准的正方形，被垂向或水平的平行线条纹化，就呈现出沿着不同的平行线条的方向拉长的效果 (图14)。在做建筑和时装设计时，都应当知道这一重要的事实。此外，条带的宽度必须细致地选择，以便符合这一形象的尺寸。穿水平条纹泳衣的女子比穿垂直条纹的看上去更苗条 (图15)。同样，如果意大利锡耶纳大教堂 (图16) 中的柱列条带是垂向的，它就会显得更加沉稳。

另一种视错觉叫作"辐射"，黑色背景上的明亮形象，比白底上的黑色形象看起来要显得更大 (图17)。这种视错觉是由光线溢出轮廓的黑色边界而投射到我们的视网膜上引起的。由于辐射，如果有明亮的天色衬底，雕塑形成的轮廓就会显得小一些。为了能达到真实的预期效果，不得不增大这一雕塑的体量 (图18)。光线咬噬着轮廓。

形状和颜色的心理影响 ▬ 埃尔·格列柯 [El Greco] 画的《大审判官》不只是一幅人物肖像而已。在观者和艺术家那里，这幅画描绘出了由这个人物诱发出来的精神状态。画面所选的爆炸笔触和形状暗示着对可怖威胁（宗教法庭）的恐惧感 (图19)。

形状能够令人兴奋，也可以抚慰人心。此外，它们的色彩——或刺眼或柔和——可以增强预期的效果。表面上的色彩和肌理自有其效用，能够传递出可以估量的物理能量。这样的效果或暖或冷，或进或退，或亮或暗，或轻或重，或具有张力或处于悬置状态，甚至或吸引或排斥 (图20)。一位自称色彩工程师的纽约设计师在他的报告中这样写道：

> 他确定紫色会诱发忧郁；而黄色是充满活力的色彩，给人欢乐之感，加强大脑活动以及幸福的感受，如果把教室刷成黄色，对于那些智障儿童而言有好处，而把托儿所刷成黄色，那就会抑制小憩。蓝色诱发的并非"悲观"，而是松弛，年纪大的人经常变得"渴望蓝色"，而红色会刺激人的大脑、脉搏和食欲。如果你站在离红椅子和蓝椅子同样 20 英尺（约 6 米）开外的地方，红椅子看上去会比蓝椅子近 1 英尺（约 30.5 厘米）。绿色让人感到寒冷，速记员在绿色办公室里工作，哪怕他们穿上毛衣，也会遭受寒战的折磨，而在不改变气温的条件下，应当将橙色覆盖物包在他们的椅子上，或者窗户上挂上橙色帘子。一份放在浅蓝绿色信封中的慈善呼吁书会比放在白色信封中的得到更可靠的仁慈回应；20 磅（约 454 克）重的盒子刷成暗蓝色比刷成淡黄色看上去更重，好像更难携带；白色电话亭中的铃声好像比紫色电话亭中的更响；在黑暗中吃

图 14 |
条纹化的正方形

图 15 |
着泳装的女子

| 图 16
锡耶纳大教堂室内

一个桃子，比起人们可以看见它的颜色时，会少了些滋味。[1]

相对性 ━━ 我们几乎无法相信这张图片中所有五个点在灰度上是相同的 (图21)。这显示出了数值的相对性。灰色圆盘的实际值是相同的，但放在亮一些或暗一些的背景上就会显出变化。人的自然本性好像更多地有赖于我们所意识到让我们警觉并保持活力的反向对比，因为这种对比能创造出张力或者静止的相互交替。色彩可以是活跃的或者是消极的；经由色彩的处理，能使平面或墙体向前进或向后退，一间房间的尺度由此看上去会与实际测量尺寸有所差别。事实上，**如果设计师掌握了这些方法，就可以创造错觉，用来掩饰实际的尺度和构造。**

什么是人的尺度？ ━━ 当我们感知周围的环境时，我们一直有意识地将我们身体的尺寸当作衡量的标准 (图22)。我们的身体是尺度单位，容许我们在无限的空间中建立起相对有限的关系框架。不同寻常的尺度可能会带来一种令人可笑的或者让人厌恶的效果。仅仅通过改变尺寸，一个人对一个物件的情感关注力或许就会偏离原本可以预期的标准而发生变化。

还有就是，只要通过特写放大就可以极大地增强情感的关注力。我还记得只要看到屏幕中放大的蝎子和螳螂的图片，我身上就会感到强烈的恐惧，它们看上去就像巨大的怪兽，在你死我活的搏斗中将对方撕扯成碎片。仅仅通过视觉尺度上的放大，就可以将感觉关联拉得更近，身体上和心理上的感觉喷涌而出，如果我看的是原本小尺度上的争斗，就不会出现这种强烈的感受。

所有这些必然使我们得出以下结论：设计师可以通过增大或减小尺度，或者改变与我们相关的那部分，就可以随心所愿地去组织他想要创造的心理效果。

阿兹特克人或者埃及人在建造金字塔时，他们旨在创造出人们对上帝的敬畏和恐慌。设计师通过大尺度追求一种超自然的表达 (图23)。法老和恺撒，扮演上帝，打算利用恐惧感去征服他们的臣民，以超人类尺度的夸张轴线表现他们的力量。希特勒和墨索里尼也是这样，他们在坐落于入口相反方向尽端的巨大房间里接待来访者，这会让来访者感到浑身上下不自在，卑躬屈膝。

1__ 参见 "Howard Ketchum-Color Engineer," The New Yorker, March 8, 1952.

伦敦的威斯敏斯特大教堂就是一个超尺度建筑的案例，过度的装饰，通贯到顶的条纹，给人留下的是琐碎和混乱的印象，尽管它有着巨大的物理尺度。但它的设计弄错了与人尺度上的恰当关系 (图24)。

距离、时间和空间的关系 ▬ 但是设计师不能只去考虑我们自己的身体，以及我们所看到的对象之间的绝对尺寸关系，还必须预想到旁观者也会从不同的距离看到他的作品。只有在满足了任何有可能的距离或者方向视角所有这些人的尺度要求时，建筑的效果才会得到强化。

从远处看，建筑的轮廓应当简单，在匆匆一瞥之际也可以把它当作一个符号那样去把握，哪怕只是一个粗略的观察者，比如乘着汽车经过的人 (图25)。当我们走得更近一些时，我们能够区分出这栋建筑突出与后退的部分，它们的阴影在这种新的距离位置上提供了尺度的调节。最终，当人们站到非常近的位置，再也看不全整个建筑物时，他们的眼睛应该能被崭新的惊喜所吸引，那就是精微的表面处理的形式 (图26)。

如果设计师已经应用了适当的人的尺度，或者尺度的知识，那么这是靠本能所确定的结果吗？或者两者的平衡是否就可以用来解释这个问题？

我们知道印度的建筑师起初必须学一些手工艺，接下来当他们四十岁的时候，准许建造庙宇时，祭司才给他们进行一些数学上的秘密训练。我不太清楚他们是否会学习视觉的科学。为了达到理想的光学视觉效果，他们当然不会在复杂的工作过程中退却。比如，他们富于造型的飞檐斜线，并不像西方建筑那样是简单的平行关系，而是相交在一个远距离的灭点。逐渐收窄的效果创造出非常大的深度以及令人印象深刻的尺度上的视错觉 (图27)。

出于相同的原因，伊克提诺斯［Iktinos］，这位帕提农神庙的设计师在西方的设计中代表了兼具完美和微妙的顶点，他将神庙的柱子朝向房屋中间的轴线轻微地倾斜，并巧妙地弯曲所有的水平线，以弥补凹面造成的视错觉；由于我们视网膜的曲率，长而直的水平线条表现为向中心塌陷，而这会扭曲并削弱效果。为了抵消这种错觉，帕提农神庙基座的中心位置比它的端头抬高了 4 英寸（约 10 厘米） (图28)。很明显，基座是有意这样建造的，由于它矗立在坚实的岩石上，它的垂直接缝直到今天还非常密实，任何沉降都不会使它原初的线偏离。在这点上，直觉和智识紧密联系在一起，成功地克服了人类视觉的自然缺陷，这才是真正的建筑。

我所选的这些案例通过设计的语言勾勒出了诸多要素。对这些在"空间"中的要

图 17 |
辐射现象

图 18 |
罗马拉特兰圣约翰大教堂

｜图 19
埃尔·格列柯
《大审判官》

｜图 20
分析格列柯的图片
包豪斯练习

图 21 ｜
相对性

图 22 ｜
身体是我们的尺度单位

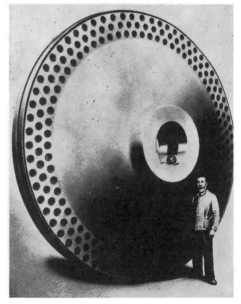

| 图 23
埃及狮身人面像

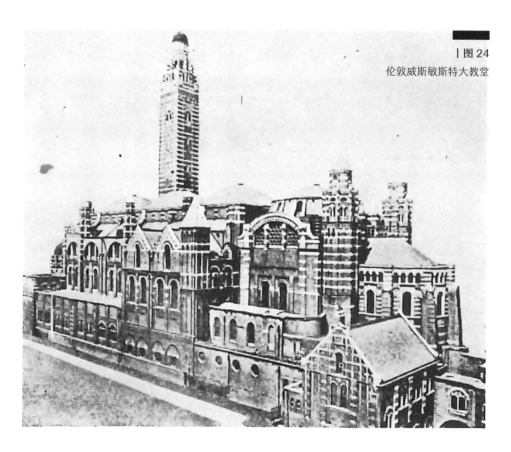

| 图 24
伦敦威斯敏斯特大教堂

图 25 |
印度神庙

图 26 |
印度神庙近观

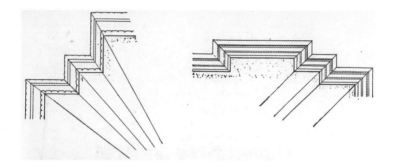

图 27 |
左：印度檐口
右：巴洛克檐口

图 28 |
帕提农神庙基座

素之间的关系，我们能知道的是什么？我们中的每个人都有过仰面躺着望向星空的时候，思考并尝试去理解无限的空间，却只能认识到我们无法认识无限。数学家业已发明了无限小和无限大的量。为此，他们给出了特定的符号。但每一个都是我们无法理解的抽象概念。而只有在某种有限的参考系中，我们才有可能理解空间和尺度。有限的空间，无论是开放的还是封闭的，都是建筑的媒介。建筑群以及由它们围合起来的虚空之间的恰当关系才是建筑的本质。这看来也许是显而易见的，但是我发现很多人根本不太在意这种关系，甚至连受过专业训练的建筑师们也只是按照建筑本身的方式进行设计，却忽视了这样一桩事实，那就是它们之间的开放空间才是建筑组构的重要部分。

我们很多人仍旧纯然地生活在牛顿概念中的静态的三维世界，然而这一概念很久之前就开始土崩瓦解了。哲学家和科学家用动态的相对论图景取代了静态的概念。在今天的设计术语中，这一意义深远的变化经由我们所谓的"时－空"关系而得到了普遍的认可。科学发现了所有人类价值的相对关系，而且它们持续不断地处于变化之中。依据科学所说，并不存在终极的或永恒的真理。生活的本质就是变化。我在此想引用一份在普利斯顿大学两百周年时的"规划人类的物理环境"会议的报告。

邀请建筑师来考量的这一物质环境，已经在他们工作的时间段中以令人惶恐的加速度发生着改变。不断扩张的宇宙变成了爆炸的宇宙，时间，这崭新的四维，比其他三个维度中的任何一个都更值得人们去思考。人也发生了变化，但这些还远远不够。建筑师展示出他们的建筑已经感受到时间和它的镜像——动态——现如今已然具有决断性的效果，但是当人们作为一种生物应当具有的好奇目光被残酷的过往压垮时，深受自己退化的情感所困扰，被有缺陷的愿景搞得如此苟延残喘，他只想看到他所想看的。

据此，时间这一要素被作为崭新的第四维引入进来，开始贯穿到人类的思维和创造中来。

改变的需求 ▬ 从静态的空间到持续变化的关系，我们世界在这一基本概念上的转变，激发了我们心智与情感的感知能力。现在我们不难理解未来主义者和立体主义者所做的努力，他们想通过描绘空间中的动态去捕捉时间这第四维的魔法 (图29)。毕加索在一幅画中，同时描绘了侧面和正面的脸；一系列的面向同时展现 (图30)。为什么会

图 29 |

意大利的巴拉
描绘空间中的动态

| 图 30
毕加索
描绘女人的正、侧面脸肖像

这样？很显然在现代的艺术和设计中，时间这一要素明显增加了观察者回应的强度。设计师和艺术家寻求创造出让我们更能接受的并且更为活跃的崭新刺激带来的感受。这一主张很符合弗洛伊德的发现，那就是刺激形成了生命。原始的细胞如果保存在完美的温度和营养液中，将在满足之中缓慢地死去。但是如果在这一液体中加入一种刺激性的药剂，细胞就会变得活跃和具有繁殖能力。

英国的历史学家汤因比〔Toynbee〕讲述过一位舰船船长的故事，这位船长由于总是能给人们运来最新鲜的鲱鱼而享誉盛名。在临终前他道出了自己的秘密，那就是他一直以来会在船上的鱼箱里放上鲶鱼。一旦鲶鱼杀掉了少许的鲱鱼，就会吓到其他所有的鱼，这样一来其他的鱼就总是会保持很好的状态。相似的是，人类也会从外界刺激物获得新的刺激。**艺术必须满足这种永恒的欲望，从一种对比转向另一种对比；这种从对抗的张力而来的灵感火花，创造出了艺术作品特定的活力。**人类为了保持他善于接收这一能力的警觉性，需要不时地改变印象，这就是实情。不变的状态也许是完美的，但是会产生趋于迟钝淡然而又平静的效果。举一个日常细琐杂事的例子：在一趟空调卧车的均匀调节的温度中旅行一整天下来，空气的速度和潮湿会让我们觉得不舒服。哪怕是非常热的天，我们还是情愿走出车厢到火车站台上，找一下相反的并没那么舒服的状态，这样一来，又可以让我们再回到车厢里，享用舒适的空调条件。我们的适应功能需要这种反差。

当我们将日光与人工光的心理效果作比较时，这种对改变的需求就变得显而易见了。最近，我无意中在照明工程协会艺术画廊灯光委员会的报告中发现了这样一段陈述："当前，任何室内画廊、博物馆都可以通过人工照明获得比自然光更好的效果，此外，它总是能从最好的方面去展示每件展品，而在自然光照下，只能是瞬间闪现。"好一个瞬间闪现！我相信，这是种谬论，人工光试图将展览的全部优势展示出来，然而它是静态的，失去了变化。而自然光持续变化时，它是充满活力的，是动态的。这种由光照改变而引发的"瞬间闪现"正是我们所需要的，因为在变化的日光的对比中，每个对象在每个时刻都能给人留下不同的印象。

举个例子吧，你可以想象一下，当一束阳光透过教堂的彩色玻璃窗，慢慢地穿过昏暗的中殿，突然照射到祭坛上时，你会感到多么惊奇和兴奋 (图 31)。对观者而言，这是何等刺激，尽管这种体验只是"瞬间闪现"。我仍旧记得有一次我在柏林佩加蒙博物馆的生动体验。对我而言，庙宇墙上来自天窗的光，看上去好像过于弥漫和均匀了。

但是某一天晚上，我偶尔造访那里的时候，一名摄像师正在一盏大聚光灯下工作。我被强烈的直接照明的效果震惊到了，这种效果一下子就带给我生命的信仰，帮助我发现了雕塑那种崭新的美，这是我在此前从未见过的。

终有一天，我们也许可以按照我们的意愿去使用人工的移动日光，它的数量、强度和颜色都可以有不同的变化。然而，我相信只要人工光还无法完全满足我们的需求，我们就不应该排除日光所具备的动态品质，在那些可行的地方，它对人工光来说是某种补充，因为阳光满足了我们寻求变化的需要。给你们再举一个例子，说明我们可以利用怎样的心理手段来保持感官警觉和反应能力，我会试着分析我们还可以做些什么，如何让参观博物馆时获得刺激的体验而非衰竭的体验。众所周知，当参观者接收到聚集在一起的大量大师作品的信息时，如果我们无法不断地刷新他的感受，他接受信息的能力将会迅速减弱。在获得一个印象之后，他的大脑必须缓和一下，然后才能接受新的印象。我们不能让他漫步画廊几个小时还保持高强度的迷狂，但是我们可以借助巧妙的设计，提供富有变化的空间、灯光效果以及在展陈上富有反差的安排布置，让

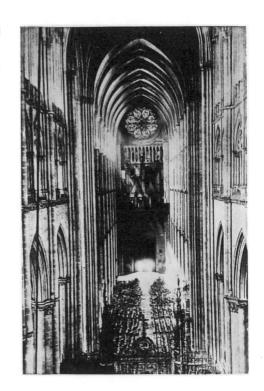

图 31 |
透过教堂彩色玻璃窗的阳光
照射在祭坛上

图 32 |
包豪斯校舍角部

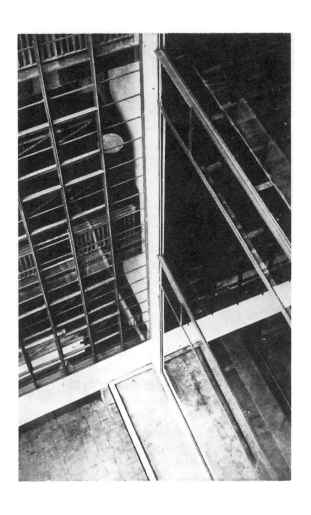

| 图 33
勒·柯布西耶
普瓦西的住宅
（即萨伏伊别墅）起居室

他保持兴趣的敏感度。只有这样，他才能利用从紧张到休息的自然适应功能，不至于疲惫不堪，从而保持活跃的参与感。这种展陈空间的安排本身以及展品在其中的分布，应当创造出引人注目的一连串惊喜，这些惊喜必须适时、适当，以符合参观者的敏感度。因为有这种需要，我们便进入了建筑创造的领域。

很明显，由艺术家施展魔力创造出来的空间中的动态或者空间中的动态幻象，在建筑、雕塑、绘画和设计的当代作品中，正在成为一种越来越有力的刺激。在当前的建筑中存在某种取向，就是用大面积的玻璃，以及建筑物的切口和开敞部分去获得透明感。它的目的是产生一种空间持续流动的错觉。这种建筑物似乎在盘旋，空间看来可进可出 (图32)。截取了无限的室外空间作为建筑空间组构的一部分，不像过去那样在围合的墙体处中断，而是超出建筑物本身，伸入它所处的环境中。空间似乎处于运动之中 (图33)。

设计的"公分母" ▬ 设计教育者已经开始将新的秩序带入哲学和科学的发现中。设计的基本哲学首先需要的是对全体都适用的"公分母"。经由包豪斯、柯布西耶和奥占芳的新精神，莫霍利-纳吉的新视觉和动态视觉，艾尔伯斯的教学，凯派什 [Kepes] 的视觉语言，赫伯特·里德 [Herbert Read] 的艺术教学，尤其是柯布西耶的模度(图34)，以及其他人在这些领域和相关领域所做的等等，用来制定设计语言的基础工作已准备就绪，整装待发。

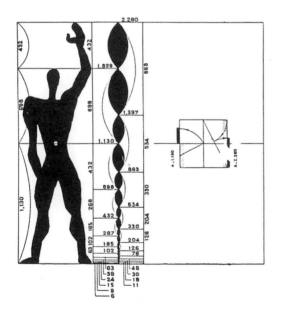

▬
| 图 34
勒·柯布西耶
模度图解

我们能否成功地创建可以让所有人使用和理解的视觉"基调",将它当作设计上客观的"公分母"?当然这永远不能成为一种配方,或者艺术的替代品。**智识艺术是无法传授的,而且没有哪件艺术作品能赶得上它的创造者那样伟大。人们需要这种直截了当的直觉,沿着这些才华横溢的头脑带来的捷径去创造意味深长的艺术。但是,视觉上的"基调"将提供非个人的基础,并以此作为普遍理解的先决条件,承担起创造性艺术中可操控的中介作用。**

第4章

建筑师教育的蓝图 [1]

A __ 普遍教育的背景

我相信每个身心健全之人都具有构想形式的能力。对我来说，难点似乎并不在于创造能力的存在与否，而是如何找到能够将它释放出来的基调。

这一难点不单单在美国才有，但是也许在这个国家尤其刻不容缓，因为美国人在学习上远比欧洲人充满热情，他们努力地去培养善于吸收和再生产的能力，以至于有时候将创造性的直觉都湮灭了。就技术领域的创造和发明精神而言，情况并非如此。活跃在这里的这一世代，在鼓舞大胆英勇的先锋时，会为不理睬过去已制定的标准而自鸣得意，在这方面毫无障碍，不费吹灰之力。但是，他们在面对艺术时却表现出了一种与之迥异的态度。我们伟大的遗产好像已经压得我们动弹不得，失去了原创的冲动，我们已经从参与者和创造者变成了鉴赏家和学者。如果我们考察一下普通人面对艺术时似是而非的感受，我们发现他是怯生生的，而且已经发展成了某种卑微的信仰。

1__ 参见 "Training the Architect" by W. Gropius, Twice a Year, Number 2, 1939, New York. "Plan pour un enseignement de l'Architecture" by W. Gropius, L'Architecture d'Aujourd'hui, Paris, February, 1950.

艺术是多个世纪以前在诸如希腊或者意大利那些国家已经发明出来的，我们所能做的就是谨小慎微地学习和应用它。对于那些尝试以当代的方法去解决当代问题的现代艺术家的作品，人们并没有一种油然而生的热情回应。相反，对于他们能否创作出与其先辈的伟大作品相称的作品，人们忐忑不安，将信将疑。

在我来看，这种令人惊愕不已的难产与生来缺乏能力或者兴趣并没多大的关系，而是因为今天我们被分隔成了两部分人——"公众"和"专家"，正是这样一个事实所导致的结果。每个人都觉得自己在某一两个领域是"专家"，而在其他领域是"公众"。但是，或许你知道，从经验来说，如果一个人没有在一定程度上参与到某个时期的问题和困难中去的话，那他就不能真正地欣赏任何领域中任何能力的展现。但是，今天传授给普通年轻人的艺术与设计的方法，往往并没有给他们任何关于当代难题和当代任务的头绪。他从中学和大学毕业的时候，学识渊博，却很少去认识自己。我认为到目前为止，我们在想办法让我们的孩子们熟知过往的成就方面已经做得非常到位了，但是在激励他们拿出自己的想法上，我认为还做得不够，还没有做到同样的成功。我们让他们在学习艺术历史时那般刻苦，以至于他们发现抽不出时间去表达自己的想法。等他们长大后，他们已经形成了关于什么是艺术的固定观念，以至于已经不再认为艺术是一种可以自由接近和再创造的事。他们已经失去了早先年轻时那种以新的形式塑造事物的快乐、顽皮的冲动，而且已经变成了心甘情愿的旁观者。然而，这并不是个体的错，看来更像是社会生活的变化所带来的结果。

抽象艺术的缘起 ▬ 在此前伟大的艺术时期，比如说中世纪，当一位艺术家绘制了一幅圣母像时，他立马就能被每个人所理解，这是因为他的同辈人所创建出来的社会和宗教这一共同的背景。而今天，我们生活在两种文明之间：旧的文明分崩离析，新的文明草创未就。今天的艺术家只能被一小群人理解，而不能被整个社会所理解，因为我们文明的精神内容还没有稳固到可以被艺术家清晰地象征化的程度。这也许给了我们一条线索，去理解究竟是什么导致了今天所谓的"抽象艺术"。抽象艺术的发现确实已经如此深刻地影响到了建筑。而社群，正在被夺走旧有的社会和宗教的理念标准，使得艺术家陷入孤掌难鸣的境地。他与社群的生活失去了联系，走出困境的方式就是他尝试专注于他的那些艺术媒介，观察和发现空间和色彩上的新现象，在他的作品中摒弃直白的内容。这样一来，艺术当然就变得与人民的生活脱节，各行其是。这就是我们现在所面临的状况。

经验与书本知识的平衡 ▬ 我相信尽管每个人身上都有艺术的才能，但是今天更深刻的生活价值正在遭受损害，正是由于我们把生存的重点放在了次一层级去考量。商业以其自身作为目标，并且分成了或这或那的实际职业。所谓的"商务心态"可以说已经取代了以前那一时期对平衡生活的欲望。我们的整个教育体系都是为了让一个人尽可能快地适应于特定的工作。当孩子们快乐的娱乐时间一结束，他就被限定在生活的某个区域之中，而这正让他越来越失去与生俱来的与生活总体的联系。职业和天职之间不相符合的矛盾愈发加剧。在我们这一几乎完全以物质为目标的特定生产体系中，进入人类经验的其他领域去探险的勇气已然消失殆尽。毫无疑问的是，我们对物质方面的过高估计和片面的智识出路，已经让教育深受其苦。好的教育，旨在培养个体创造的态度和平衡的生活，一定会引导他超越仅仅来自事实的信息和书本知识，进入直接的个体经验与行动。我们必须在教育的训练中，给我们的年轻人更多的机会去获取这样的个体经验，因为我们只有让他们自己去"发现"事实，知识才能转化为智慧。

最近几年公布的最具影响力的教育计划在处理视觉艺术上相当随意，完全没把艺术当作教学核心的学科，这是当下典型的趋势。**不知从何时起，我们已经忘掉了艺术创造性的审美原则长久以来就是形成伦理的品质。我们过于自负了，认为能从智性训练中受益匪浅。而艺术在人类的欲望和灵感生产上，胜过逻辑和理性的领域。这是所有人共同关注的领域，因为美是文明化生活的基础需要。**

所有的教育，真正的目标就是激发人们的热情，使人们作出更大的努力，然而，人们太容易忘记这点了。我相信所谓"安全第一"对于年轻人而言是一句不正当的口号。保全个体的理念就其自身而言只是一个幻象，它导致了推卸责任和利己主义。这只是一个物质主义的概念。**如果失去了占据主导的思想，人类或者社会的组成部分不得不导向某一个专业，人们无法指望在任何教育的趋势中取得持续的结果——反之则不然。**尽管这种目标也许看来是不证自明的，但是在今天的教学实践中，这已经变得凤毛麟角了。诚然，一名学生必须适应实际的生活，但是培养与世隔绝的梦想者，由这种相反方向带来的危险，现如今并不是迫在眉睫的。对事实知识和智识理性的过度强调，显而易见地引导我们这代人误入了歧途。它已经与生活的全部及其社会影响失去联系。直觉的品质——所有创造性行动的永恒之源——被低估了。我们看到我们的年轻人疑心他们自己的本能，并且否定无法得出合理结论的每件事。相反，在我的观念中，应当鼓励他们深切地留意自己的情感，学习去控制而不是克制。他们需要超越职业化实践的精神指引，发展他们自己创造性的实质，而不仅仅是他们的智识。精神目标越大，年轻人就越能攻克物质上的困难。**当直觉找到汲养，技能才会最快速地得到发展，同时还不能单靠旧例去代替创造性的视野。只有那些能理解最为崇高的非现实的人，才能为最高层级的现实赋予形态。**

B ▬ 课程

创新设计 ▬ 在所有伟大的创造性的年代，**建筑已经以它最高的体现成为主宰所有艺术的母体，已经成为社会的艺术。**因此，我相信未来的建筑也注定会超越它今天所做的，将主宰比今天更广泛的综合领域。今天我们的建筑教育太过胆怯，太过强调学院的法则，几乎仅仅指向了所谓的"美术"，并且指向了过去。就是说，审美的概念已致命地代替了艺术的创造概念。创造性的艺术和艺术的历史不应当再混为一谈。"创造全新的秩序"是艺术家的任务，而历史学家的任务是重新发现和解释过去的秩序。两者是缺一不可的，但目标截然不同。创造性设计的成功传授因此不能由历史学家来负责，只有靠"与生俱来的教师"、一位具有创造性的艺术家。

未来的建筑师应当通过他的工作去创造人类生活的精神和物质需要的原创性的和构成性的表达，由此更新人类的精神，而并非不断重现前一时代的思考和行动。他应当担当起具有丰富经验的协调组织者的角色，从生活的社会概念开始，成功地整合思考和感受，带来和谐的目的和形式。

如果我们期待未来的建筑师能成为这样一种多面手，那么他必须在哪些方面准备起来呢？

托儿所中的艺术 ▬ 如果我们从一开始就认定每个健全的个体创造形式的能力都是与生俱来的，那么视觉的感知应该在儿童的早先时期就得到发展。我们必须记住，儿童对玩耍的渴望，引导了实验和发明，这是所有科学和所有艺术的根源之所在。因此，在托儿所和幼儿园时训练就必须开始，给儿童足够充分的机会，让他以相当自由的形式去建造，做模型，涂涂画画，就像玩那样，这是为了吸引儿童，激发他的想象力。

学校中的艺术 ▬ 在成长的孩子那里，创造性必须通过实际的工作去唤醒，结合各种材料在自由设计中的训练。在整个学校期间，手工技艺与形式感知将通过"建造"（用实际的材料）、装配、模型、绘制、徒手和几何绘画进行训练。但以下这些是重点：**不要去复制，不要打消玩耍的冲动，也就是说，不要在艺术上监管！**教师的全部任务就是持续地激励孩子的想象力和他的欲望，去建造、去绘画。甚至不要去修改孩子的画和模型，因为如果我们将更为广泛的知识强加给他，他的想象力很容易被成年人触怒。当然，事实的知识是不可或缺的，但是教的时候必须充分地尊重年轻人特有的想象力，这种想象力不同于我们自己的想象力，而是倾向于找到崭新的表达。在从玩到创作这一特别艰难的转化过渡中，不知不觉地引导孩子，教师除了给孩子科学上的事实和技术上的建议之外，还必须试着去激励他内在的灵感，一而再再而三地鼓舞他。

设计的专业训练 ▃ 当年轻的学生离开学校之后，如果他打算成为一名建筑师或者设计师，便来到了必须作出抉择的十字路口：要么继续接受高等教育，要么直接进入职业培训。在这点上，他迫切需要最为深思熟虑的和周密细致的建议。他的特性，他的天分，他的视野，他的耐心，是否足够强大，是否足够有前途，他的目标是成为一名独立的建筑师，还是将自己训练成为一名技术娴熟的手工艺人？为了尽量避免在这方面作出错误的判断，所有人都应当通过某种资格测试——创造力与想象力的测试。所有那些拥有艺术天分的学生，在训练开始之前就已经通过了资格测试的学生，以及那些起初在技术学校学习的学生，接下去应当在大学和设计学院中接受更高层级的训练。

教学方法 ▃ 对于他的这部分训练，在学习中保持方法的一致性至关重要。更高层级的学习体系所提供的关于世界的详尽观点，或许相互抵触，那会把他压得疲惫不堪，喘不过气来，由此他会面临无动于衷或玩世不恭的危险，除非他的教育者提供给他一种确定的，也可以说是单方面的课程，在他达到确定的纯熟和形成某种笃信之前，不要改变课程的方向。如果认为将这样始终如一的坚定方法作为目标是过于片面的话，那并非有根有据的，因为只有在他能够真正地理解这一思考方式之后，他才能去与另外的思考方式两相比较，并且从中理智地挑选各种元素，用于自己的创造性尝试。

探寻方法的教学比起传授技能的教学更为重要。它应当是一个持续的进程，这一进程必须像树的年轮那样汇聚于中心而成长。在它所有的阶段，范围应当是全方位的，而非局部的，在所有的学科领域中，同步地在强度上和细节上缓缓增长。从一开始，整合所有的知识和经验就是重中之重，只有这样，各方面的总体性在学生头脑中才可能有意义。他将很容易地吸收所有更进一步的细节，并且如果他能够从整体进展到细节，而不是反过来的话，那么他就能将它们放到该在的位置上，各得其所。

这样的教育方法将学生带入创造性的努力，面向任何既定任务，将它的社会目标同步统合设计、建造和经济各方面。很显然这种需求是从智识的视角而来的，教学经验显示，需要经年累月才能让学生养成同时将设计、建造和经济这三者当作不可分割的和相互依赖的实体的习惯。建筑教学中普遍采用分段方法的原因，看来好像是过度强调智识上的学院训练，导致缺乏工地上和工坊中经验的机会。但我搞不明白的是，为什么只有知识本身应该成为教学的首要目标，而直接的体验只是随后的训练必不可少的基础。图纸已经成为专用于交换的媒介。在工坊和建造基地通过反复试验获得的那些无价的经验是书本和草图板给不了的。因此这样的经验应当从一开始就融入训练中去，而不是等到学院部分的学习完成之后再添加进来。因为实践经验是确保将学生头脑中所有的情感和智识的元素综合起来的最好方式；这可以防止他还没有充分掌握建造过程的诀窍就匆忙地进入设计中去，那只能是"适得其反"。毫无疑问的是，在机器时代的发展中，手工艺和学院学习两者致命的分离，已经将建筑从建造中区分出来。如何在我们的教学系统中协调科学知识和工地经验，这一难点至关重要。因此，我尝试勾勒出一个大体的规划，首先建议在设计中采用更为科学的方法，可能有助于修正当下的这些不足之处。

人们对艺术和建筑的普遍懈怠与流行的设计教育方法似乎是相互依存的。改进过的教学，应当鼓励人们重新相信艺术和建筑对日常生活的基本的重要性。但是，只要我们认为所涉及的问题只是个体感受之事，它不能成为可以客观界定的价值标准，我们就无法指望人们意识到它们是教育过程的基础。**应当重新定义艺术在社会中的精神喻示，并且在科学家的帮助下运用他们精确的方法，艺术的社会和心理的组成部分——而不仅仅是技术的那一面——取决于价值和意义的独特秩序。**

设计的"公分母" ▬ 设计的基础秩序首先需要一个从事实衍生而来的通用于全体的"公分母"。共同的视觉传达语言将为设计师自发的艺术表达提供一个团结的基础；这将让他从当下深受其害的孤立中解脱出来，因为在这个社会土崩瓦解的世界之中，我们已经失去了能够理解视觉艺术的共同基调。

在音乐中，一名作曲家始终使用一种音调，这样他的作曲便可以为人所理解。在只有十二个音符的框架中，人们已经创造出了最伟大的音乐。限制显然反倒让创造性的头脑能够别出心裁。

在建筑上，希腊人的"黄金分割""模度"，哥特建造者的三角测量，给出了明证，那就是在过去也存在过视觉的基调，为早先的建造者工作团队提供了各种"公分母"。

然而，在相当长的一段时间里，没有了引导视觉艺术表达的"公分母"。但是今天，经过一个漫长而混乱的"为艺术而艺术"的阶段，一种新的视觉语言正缓慢地以客观有效的术语取代诸如"品味"或"感受"这类个体的术语。基于身体和心理的生物学事实，它寻求再现世代相传的不受个人情感影响的经验累积。而真正的传统恰恰根植于此。

视觉的语言 ▬ 在现代建筑和设计中，有一种视觉语言的觉醒。今天，我们能够以更为丰富的视觉事实知识培育出设计师创造性的直觉，正如视错觉的现象、空间中体量与虚空关系的现象、光影的现象、颜色和尺度的现象，客观事实取代了任意的主观阐述，或者早已过时的教义。

当然，秩序永远不能成为创造艺术的秘诀。艺术家灵感的火花胜过逻辑和理性。但是，一种源自新旧科学发现的视觉语言控制着他的创造行为。设计语言同时为理解艺术家的信息提供了共同的基调，并且将相悖的内容转化为可见的表达方式。

不过，在它变得对所有人都能共通之前，必须通过普遍教育才能行之有效。这一目标不可能只靠理论的知识去实现，必须与持续的实践经验结合在一起。

强调实践的经验 ▬ 情感能力不能通过分析方法训练出来，而只能通过音乐、诗歌和视觉艺术等创造性学科来训练。制作确实不仅仅是思考的辅助，它还是一种基础体验，是创造性行为中达成目标统一的不可或缺的体验。这是把我们的洞察力和创造力联系在一起的唯一的教育方式。

如果我们比较一下过去的设计艺术教学与我们当下的训练方法，差异便一目了然。在过去，设计是从工坊里的学徒工发展而来的，而现如今，它是从理想的草图板上来的。纸上的设计过去只是事物制作者的辅助工具，现在已经变成了设计师的中心科目。从强调"从做中学"转化成强调智识学科，这在当下设计的教育方法中颇具代表性。但是，如果没有使用工具和材料的经验，没有建造和制作中具有启示性经验的技术诀窍，建筑师还能不能真的成为他这门手艺的主导者呢？接下来，建筑教育是否应当从它当下的学院框架中分离出来呢？不少建筑师会同意这种决定性的转向，更加强调实践的经验。当下大学里的书本气氛能否为建筑师提供健康的成长环境，我个人对此表示严重怀疑。工业化对我们这个职业的冲击已经到了如此决定性的地步，年轻一代的设计师应该与建造业和它们的实验室紧密接触并接受训练。由此这样一种指日可待的改变缓慢地发展，然而，我试图在此勾勒出过渡性的课程、利用好已有的学院设施，目标在于以工坊中和建造基地上的直接经验去平衡学院中的学习。

实验工坊和初步设计课程 ▬ 在实验工坊中的基础手工技能的持续训练，结合表面、体量、空间和构成的基础学科——源自客观的结果——必须在普通的和职业教育的所有层面发展起来。恢复工坊实践和导入科学课程，形成视觉交流的共同语言，这是设计艺术的，尤其是建筑的教学得以成功的基本要求。

训练应该从普通的初步课程开始，目标是协调手工和设计的元素。初学者还无法知道他所立足的世界的详细关系，将商务的概念或者任何专门化的概念放在他训练的起初阶段，这将是错误的。**一个学生本性中准备把生活当作一个整体来理解，他首先应当全面了解摆在他面前的广阔的表达领域。**仅仅将纯粹绘画上的常规训练作为准备功课并不充分。绘与画的确是最有价值的自我表达方式，但是纸、铅笔、笔刷和水彩还不足以发展出自由表达所必需的空间感。因此，首先应当为学生引入三维的实验；那就是建造的元素，也就是说在空间中进行各种材料实验的组构。比如，观察粗糙和光滑、硬和软、张力和舒缓之间的对比，这将帮助学生通过双手的练习去发现材料的独到之处、它们的结构和肌理等。通过使用材料，学生们开始同步地理解表皮、体量、空间和色彩。除了技术技能外，他还发展出自己的形式语言，以便将他的理念表达得清晰可见。等他吸收了基本知识之后，接着他将筹备尝试自己发明的组构。

这样的设计创作，它的目标是拓宽个性，而不是提供职业技能。能否取得成功在很大程度上依赖的是教师的素质，教师必须通过鼓舞和激励去释放学生自己的想象力，必须以客观性去反对任何对其他人的甚至也包括他自己在内的概念的复制或者模仿。接着学生将体验到自己的创造性能力，这超越了他此前的智识研究。

这种训练将让他充满信心和独立性，由此为任何随之而来的职业训练提高效率并加快速度。

职业训练 ▬ 在这样的初步经验之后，职业设计师才能在坚实的基础上开始他的专业课程。自始至终他都需要工坊和建造基地，将他的设计关联到材料和技术的现实。到了那时他才会意识到，自己的视觉语言的知识以及构造、手工艺和表达的技能都是不可或缺的工具，可以用来表现对他的创造性努力而言至关重要的社会目的。

场地实践 ▬ 在教育实践中，在训练的所有层次上去捍卫这种联合的最好方式是尽可能多地将它关联到现实体验。给出的问题应当基于真实的条件创建出来，建议设置一块实际的基地，拜访"客户"。师生之间的合作越像办公实践越好。参观正在建设中的建筑物、制造工厂、研究机构，将激励学生的想象力并强化他对制作和建造的理解。但更为重要的是，为了能够学会处理建造过程的元素、建筑部件的组装，以及各分包商之间潜在的摩擦，他应当在建造中的建筑项目中当学徒，或者作为其工作人员的助手。仅仅通过绘图板，学生怎样去理解防水板和屋顶，怎样去理解建造过程中所涉及的一系列经济和技术问题？只有在实践中，近距离地观察从图纸到建造的过程，他才能积累对他有意义的经验。其他人收集的知识从理论上是传达给了他，但是在他头脑中仍然是无凭无据的论点；只有通过经验，而并非依赖权威，他才能够学得到。因此，每个学生在申请专业学位之前都应该明白一栋建筑物如何从开始到完成建造；这样的经验是必不可少的。

除了这类场地实践，研究生的学校还应该运营与样本采集有关的实验室工坊。在这里，教师和学生为建筑物内外部分——肌理和颜色——以及它们在空间中的关系，去完成共同的实验。建筑师的职业实践部分是高度技术化的，他们应该得到实验和测试的机会，就类似于医学、生物和化学专业的学生在他们的实验室中那样。

艺术与建筑的历史 ▬ 艺术与建筑历史的研习，以智识和分析为特性，可以让学生熟悉不同历史时期视觉表现的条件与理由，也就是说，由崭新的发明引发的在哲学上、政治上、生产方式上的改变。这种研习可以验证学生们通过自己先前的在表皮、体量、空间和色彩方面的练习所找到的原则；然而，他们只靠自己就能发展出一套在当下设计的创造中行之有效的原则。每个阶段的原则必须由崭新创造的作品中创建出来。因此历史的研究最好能提供给那些已经找到了自己表达方法的高年级学生。如果将过去的伟大成就介绍给天真的初学者，那么原本还试着自己去创造的他，或许轻易地就打起了退堂鼓，然而一旦他从工坊里和工作室里的自我表达中找到了自己的主心骨，那么历史的研习对于精炼他的想法而言就是一种求之不得的方式，也不会诱使他采取模仿的态度。这些研习应该到第三个年头才开始，而不是第一年就训练。

对于建筑教育转型的出路，我综述一下我的结论：

1. 建筑师应当成为一名统筹者——具备视野和专业能力之人——他的职责是将那些与建造相关联并由此引发的诸多社会、技术、经济和艺术上的问题结合起来。

建筑师必须意识到工业化的冲击，应当探索由社会和科学的进程给定的崭新关系。

2. 在一个专业化的时代，方法比信息更为重要。建筑师的训练应当同心化而非分段化。本质上它自始至终应当是全包罗的，要找到确切的方法，那就是，清晰的思路和可实现的专有技巧。它应当把目标放在教导学生上：通过创造的态度和概念的独立，他不需要经由现成的公式就能够通向基本的信念。

最为本质的是在教育目的上的联合。人应当成为焦点；他们与社群生活相关的精神上和物质上的需求应当决定学生训练的所有阶段。

2a. 任何设计种类的方法——椅子、房子、整个城镇，或者区域规划——不仅在空间关系上，而且在社会方面，两者从根本上应当是如出一辙的。在实现它们的物质和技术方式之上，应当强调所有人追求的共同理念，因为所有产品的设计都是有机整体的一部分，是城镇和乡村中的人造环境的一部分。

3. 三维概念是基本的建筑原则。在所有造型艺术领域中激发视觉表达的兴趣，方法上必须首先训练学生的视觉，去感知距离以及把握人的尺度。为了习得对于组织三维空间的本能把握，同时从结构效率、手段经济和外观和谐这几个方面去构想三维空间，这样的科目必不可少。

4. 只有经由个体的经验才能将知识带到生活中去。因此，设计和建造——草图板和职业——应该更为紧密地在所有的层面上联系在一起。场地实践不应当作为分离开来的经验等到几年期的学院训练完成之后再添加进来。实践应当成为课程自身统合的一部分。

5. 第一学年，基础设计与工坊实践相结合，应当通过使用材料和工具进行三维练习，为学生引入构造与建造的元素。与此同时，设计课程并入了实际问题，应当聚焦于所有的群体活动，以改善社群生活作为社会目标。规划元素应当包括在这些全面的初步研究中。

6. 在第二学年和第三学年，设计与构造工作室，辅之以暑假在场地上的经历以及实验室中的活动，以更为广阔的智识进一步地联系到经验。"场地经验"这一方式并不是指在办公室里工作，而是直接在场地上实践，当工头或者主管的助理。这种场地经历——不少于六个月——应当是任何建筑专业学位的必修课。此外还包括对建筑行业的了解。

7. 应当教授构造，把它作为设计的一部分，因为这两者直接地相互关联。这两者要同等重视，任何一方面存在缺陷的学生都无法更为长久地发展下去。设计和构造的问题应与建筑物的使用要求和场地的实际条件相关联。它们与包括所有经济因素在内的社会问题不可分割。

8. 为了学习与其他人协同的方法，应当将学生们放在团队合作中去加以训练——也包括掌握相关技术的学生们一起。这将为他们在涉及许多个体的规划与建造项目的概念和执行中成为统筹者这一至关重要的任务做好准备。团队合作的属性将引导学生们做出更好的统筹过的建筑，而不是华丽的"噱头"设计。

9. 历史研习应当在第三学年开始，而非第一学年，以免令人望而却步和模仿照搬。他们应当帮助已经成熟的学生分析过去大师作品的原创所在，以留存下来的案例为证，向他展示过往时期的那些建筑概念，是怎样由它的宗教信仰、社会设置和它的生产方式产生的。

10. 只有当教师自己在设计上和建造上具备足够充分的实践经验，才能被任命为教师。聘请刚刚完成学院训练的年轻人担任教师，这种趋势有害无益。因为只有具备广泛经验的教师才能调动起一定的智谋，这对自始至终持续地去激励学生是非常有必要的。最好的教育能够提供的就是激励，这让学生渴望去发挥自己的主动权。每位建筑和工程方面的教师都应当有私人执业的权利，因为只要这样就足以补充他的筹谋。如果得不到这类机会，他势必很快会被榨干，接着退回所谓"权威"的讲台。

11. 规模较小的建筑学校（比如招100或150名学生）比规模较大的学校更有效率。学校最有价值的就是无形而又密集的"氛围"，那是由全体师生在所有活动中相互参与带来的结果；这一点在规模过大的学校很容易消失，无益于亲密的团队努力。

12. 这种教学效率有赖于学生与老师的数量比。建筑师的训练要求一对一的个人辅导，这样能为学生适应他自己的个人天分和发展状态创造条件。教师负担过重会耽误所有的学生。每名老师可取的带学生的数量应当最多是十二到十六个人。

我所有的论证强调的都是创造性的因素。也就是说，这一探寻的程序比起做研究来，更能培养创造性的建筑师。我相信这将把我们有潜力的建筑师从观察者导向发现者，去发明并最终引向我们当代场景中的直觉塑造。

第二部分

当代建筑师

第5章

评价现代建筑的发展 [1]

时至今日我们终于能够确证，现代建筑的外在形式并非少数渴望创新的建筑师们的心血来潮，它们势在必行，是伴随着我们这一时代的智识、社会、技术的诸多条件而来的产物。在经历了将近四分之一个世纪的恳切真诚而又意义深远的斗争之后，这些形式方才从无到有。相比于过去的形式，这些形式引发出很多根本性的结构变化。我认为可以将当下的情势总结如下：过去已经被打开了一道豁口，让我们得以展望建筑的崭新面向，与我们所身处的这个时代的技术文明相适应；那些失去了生命力的风格形态已被摧毁，而我们正在回归真诚的思考和感受。普通的公众此前对一切与建造相关的事物漠不关心，现如今他们也已从麻木中被摇醒。就像关乎我们每个人的日常生活事务那样，对建筑的个人兴趣已经在更为广阔的圈子中被唤起，而且在整个欧洲，未来发展的路线已经变得清晰可辨。

但是这种发展遭遇了重重障碍：令人眼花缭乱的理论、教义和个人宣言；技术上的困难；最后还有由形式主义的幻影所引发的危险。所有的这些障碍之中，最糟糕的

1__ 参见 "The Formal and Technical Problems of Modern Architecture and Planning" by W. Gropius, Journal of the Royal Institute of British Architects, London, May 19, 1934.

是现代主义建筑在有些国家已经变相成了时髦玩意儿！效仿照搬、自以为是、庸庸碌碌等已经扭曲了真实而又朴素的根本，而这正是这场复兴所倚赖的基底。像"功能主义"和"合乎目的就是美"等谬误的警句，已经将人们对新建筑的理解带偏到了次要而且纯粹表面的轨道。这种片面的特征描述反映出人们对现代主义创建者的真正动机颇为常见的那种不甚明了，也反映出某种致命的迷恋，驱使着爱做表面文章的人试图将这种现象降格到孤立的领域，而无法将它理解成能连接起思想中对立两极的桥梁。

很多人斩钉截铁地认为新建筑的突出特点就是合理化的理念，其实这只是对它的提炼而已。另一方面，人类心灵上的满足感与物质上的同等重要。它们各自的对应物都能从生活统一体中找到。将建筑从装饰中解脱出来，强调自身结构组成部分的功能，寻求简练经济的解决方案，只是新建筑的实用价值所仰赖的形式化过程中物质的那一面。**比起强调结构上的经济性和功能性来，远为重要的是智性的实现，它已经创造出崭新的空间愿景的可能性——如果说在建造实践的那一边是与构造和材料相关的事务，那么建筑真正的本质恰恰取决于对空间的把控。**

从手工生产到机器生产的转变一直困扰着人类，都快一个世纪了，人们并没有急于解决设计上真正的难题，而是长期满足于借用各种各样的风格和形式主义的装饰。

这种局面终究过去了。基于现实的崭新的建造概念已经发展起来。伴随着这一概念而来的是崭新的转变了的空间感知。正是已经存在的新建筑中大量的优秀案例所呈现的差异，例证了这一转变以及我们现如今用以表现这种转变的崭新的技术方式。

在此期间，这种斗争进展到怎样的程度？各国在其中发挥了怎样的作用？我将从那些战前时代的先驱开始，比较那些截止于1914年前新建筑的创建者 (图35)：贝拉格 [Berlage]、贝伦斯 [Behrens]、我自己、波尔齐希 [Poelzig]、卢斯 [Loos]、佩雷 [Perret]、沙利文 [Sullivan] 和圣伊利亚 [St. Elia]；对他们共同的成就做个简要的权衡。我选择的主要因素并非相关建筑物的审美，而是这些建筑物的开创性成就所能达到的程度，它们的建筑师着实地丰富了这场运动。我的选择是唯一的例外，那就是不以纸上的计划而是以已施行的设计为基础：这点对我的考量来说，确实具有一定的重要性。

德国在新建造的发展中起着引领性的作用。早在战前，德意志制造联盟就在德国成立了。那时候，像彼得·贝伦斯这样杰出的领导人，并非某种独树一帜或者自成一格的现象。恰恰相反，他已从德意志制造联盟中得到了强劲有力的支持，那是形成进步与更新力量的储备库。1914年科隆展期间在德意志制造联盟公共会议上的那些讨论，至今历历在目。那次展出有很多国外人士参加。德意志制造联盟第一份著名的年报，差不多也是在同一时间公开发布的，那份年报是积极合作的成果，我正是通过这份建筑的现状清单，第一次全面深入地理解了这场运动。1912年到1914年，我自己也设计了我最初的两栋重要的建筑物，法古斯工厂和科隆会展的办公楼，两者都明确地强调了"功能"这一新建筑的特征。

同样是在战前时期，奥古斯特·佩雷是法国的领军人物。建造于1911—1913年的巴黎香榭丽舍剧院，是佩雷和比利时的范·德·维尔德共同设计的。范·德·维尔德当时在魏玛定居，并与德意志制造联盟保持着紧密的联系。佩雷最为人称道的是他在结构上异常出色的技能，这完全超越他作为空间设计师的天赋。尽管他更多的是作为工程师，而不是建筑师，但将他归为现代建筑的开创者是无可非议的，正是他以大胆和空前的结构形式成功地将建筑从死板呆滞的纪念碑主义中解脱出来。然而，就法国而言，这位伟大的先驱长久以来还只是在漫漫的旷野中呼号，徒劳无功。

在奥地利，奥托·瓦格纳于世纪之交时在维也纳建造了他的邮局储蓄总部。瓦格纳敢于从装饰和线脚中解脱出来，完全展露出扁平的表面。今天，对于我们而言，几乎难以想象能走出这样的一步意味着怎样的一场革命。与此同时，另一个维也纳人，阿道夫·卢斯开始下笔写自己的那些文章和著作，其中他拟定了新建筑的根本原则，而且还在米歇尔广场上建造了正对着维也纳霍夫堡的大商场，这极大地激发了那些习惯于巴洛克形式的公众的热情。

1913年，未来主义在意大利正式推出，其中圣伊利亚是带头的拥护者之一，不幸的是他后来死于战争中。1933年米兰三年展上，马里内蒂，这位未来主义的创建者唤起了对圣伊利亚的纪念，并将他看作新建筑伟大的开创者之一。圣伊利亚对将要到来的建筑的意识形态作出了惊人的精确性预见，但是他不曾有机会实现任何实际的作品。他那份四层街道上的摩天楼计划只是停留在纸上的设计。

荷兰的发展相对要缓慢些。贝拉格，德·巴泽尔［De Bazel］和劳维里克斯［Lauweiks］，他们的创作以人类学前提为基础，不仅在设计上恢复几何体系的使用，而且也效法那些重要的英国先锋，拉斯金和莫里斯，鼓励手工艺的复兴。在荷兰，一个浪漫神秘的学派一直持续到战后的年代。1917年，也就是科隆展的三年后，为人所知的"风格派"团体成立，奥德［Oud］和范杜斯堡［Van Doesburg］成为这一团体的

1906 ｜沙利文

1910 ｜贝伦斯

1910 ｜卢斯

1911 ｜格罗皮乌斯

｜图 35

1914 年前新建筑的创建者

1911 | 波尔齐希

1911—1913 | 佩雷

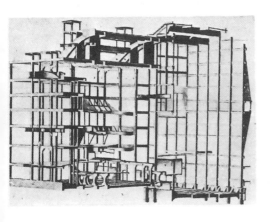

1913 | 圣伊利亚

1914 | 贝拉格

领导者。1914 年，荷兰最为领先的建筑物是贝拉格的办公楼和德克勒克［De Klerk］的居住区。

美国的建筑复兴最早可以追溯到 19 世纪 80 年代，与此相伴的是崭新的构造技术的发展。

1883 年的芝加哥，鲁特［Root］建造了一栋砖砌的高层建筑。大约到了 19 世纪末，沙利文，这位赖特很少会承认的师傅，建构出划时代的房屋类型，并阐述了包含着现今功能教义精髓的建筑原则。我们不会忘了"形式追随功能"就是沙利文提出的。理智地说，沙利文相较于赖特，在理念上表达得更为清晰，而赖特此后在空间和结构的意义上启发了相当多的欧洲建筑师。再往后，特别是到了战后时期，赖特开始在他的讲座和文章中展现出一种日益增长的浪漫主义，与欧洲发展的新建筑形成了针锋相对的矛盾。就在那个时候，美国人有着世界上其他任何国家都没有的最为全面的构造技术，就像我在美国调研过程中有机会见到的那样。但是，不管是沙利文和赖特，还是相当高度发展的技术组织，他们在艺术上的演化这一问题上始终悬而未决，而针对这一问题有备而来的智识和文化背景尚未浮现。

以上大体勾勒出了战前那段时期最为重要的发展。尽管战争扰乱了这一发展，但是战后，新建筑同时在几个中心开花结果。最为有机并持续的进程是在德国发生的。运动的领导者都是德意志制造联盟中的活跃分子，而且更为广泛的拥护者圈子很快就建立了起来，他们分享着前辈的见解。1919 年，包豪斯在魏玛创建，后来包豪斯对城市住宅发展的实际影响和显著的社会效应变得有目共睹。此后，这场运动开始受到广大公共政府的欢迎。

在荷兰，风格派的运动开始落地生根，奥德、里特维尔德［Rietveld］和范洛赫姆［Van Loghem］建造了他们的第一批房子，还有在阿姆斯特丹大量的住宅地产。风格派运动作为行动纲领具有显著的效应，但是它过分强调形式主义的倾向，从而将方形体块这一形式当作时髦的推动力。现如今新建筑的结构概念正在驱散那些曾经鼓舞过荷兰现代主义者的各种理论。

同时期，柯布西耶，这位在贝伦斯那里学习过一阵子的法裔瑞士人，开始在法国创作。1916 年的时候，他还在使用壁柱和飞檐板，但在他着手编辑《新精神》之后不久，所创造出来的建筑和文学作品，就具有了惊人的宽广视野，并给每个国家的年轻一代留下了意义深远的印象。但是，与德国在包豪斯及其周围如雨后春笋般涌现出来的整个追随者群体相比，法国的运动只发展出了那么几个个体，纯粹出于个人的关注，而人们通常对此仍旧漠不关心，导致没有新型的学校出现，从他们的举动来看，这也是顺理成章的结果。

瑞士在战后出现了许多有才能的建筑师，他们对运动产生了很大的影响，尤其是在城镇规划方面。

1930 年的斯德哥尔摩展览，对斯堪的纳维亚国家的新建筑而言是一次巨大的成功。

英格兰的贡献限于住宅和城镇规划，但是雷蒙德·欧文［Raymond Unwin］的理念和英国花园城市早已影响了整个欧洲的住宅运动。

中产阶级在比利时完成了有益的开创性工作，并且在布鲁塞尔的重新规划中取得了成功。

在捷克、波兰、西班牙、英国都形成了朝气蓬勃的年轻团体，而在大阪也活跃着一个日本人的团体。

在美国，奥地利人诺伊特拉［Neutra］和丹麦人伦贝里 - 霍尔姆［Lönberg-Holm］引领着这场运动，这两位定居在了美国，而且都具有杰出的开创性和活力。美国更年轻的一代人，有些曾经在包豪斯学习过，慢慢地找到了他们的方向，逐步地登台亮相，初露锋芒。

正是这些合作工作团队的表现引起了我的注意，这是近来新建筑发展的特征。在那些几乎没有共同之处的国家里，已经不约而同地接连形成了类似的年轻建筑师的自由组织，大体地说，就是以包豪斯为模型，在实践和实验的创作中展开合作。我认为这种合作原则独具前景，而且完全符合我们这个时代的精神，尤其是这些团体中如果还能包括工程师和经济学家的话，那就更好了。如果由具备适当资格的人来领导，使得成员团结在一起并且激发团队精神，那么这些团体就能够确保其创作的彻底性和多面性，因为每个成员都鼓舞着他的同伴。但是这种团体必须建立在自觉自愿的基础上，很难想象让他们在通常的规则和规章框架内运作。

一个基于相同原则的国际组织"国际现代建筑协会"［CIAM］在瑞士成立。27个国家的团体加入。这一代表大会的目标是将不同国家的经验汇集在一起并协调成果，以便为城镇规划提供实践的数据和合理的方向，确保它们能在各国得到认可与采用。当然，大会的这一工作方向并非偶然，而是直接延续了新建筑的原初准则，应用于城镇更大的单元。这种新类型的建筑师自有其天职，也就是他作为协调组织者，所做的就是解决所有形式的、技术的、社会的和商业的问题，并将它们综合在一起。这种组织者势必要将他的研究逾越住宅，延展到街道，再从街道延展到更为全面的有机体，也就是城市自身；最终进入更广泛的地域和国家规划的领域。我相信新建筑的未来发展注定要拥抱这些宽广的领域，并关注所有与之对应的细节；而且它势必朝着设计和建设领域的更为完整的概念推进，那是根植于生活本身，一个庞大而又无法分割的总体。

面对这场运动的这些真真切切的明证，那些费尽了周折去调查它根源的人，不会再坚持认为它只是基于为了技术而技术，因而执着于反传统，如果真的像他们所说的那样，就是盲目地寻求对更深层次忠诚的破坏，而注定会导致将纯粹的物质主义奉若神明。用秩序寻求如何限制任意性，这是最能贯彻社会、技术和艺术的调查研究的结果。**我相信，无论从哪方面来看，我们关于新建筑的概念都并非反对传统，因为尊重传统并不意味着将审美的关注投入到过往的艺术形式投入，而是，而且也一直是一场为了本质的斗争——换言之，这是一场彻查所有潜藏在技艺背后之事的斗争，并借助这场斗争永不止步地去寻求可见的表达。**

第6章

考古学？当代房屋的建筑学？ [1]

　　据说建筑是一个时期的生活与社会行为的真实镜像。果真如此的话，那么我们应当能从它所呈现的特征中解读出我们这个时代的驱动力。然而，存在着与这种看法相违背的明证。如果我们将当前的公共建筑，比如将华盛顿国家美术馆所谓的"古典"特征，与联合国新建筑群所具有的"当代"特征做一番比较，那么根深蒂固的争议就显而易见了。

　　如果我们再观察一下大学建筑的现状，那么我们甚至还会发现更令人费解的差异，当然，这种状况一定会影响到在其中和它周围成长起来的下一代人。

　　应当追随哥特式的传统或者佐治亚的传统，还是应当以现代的表达方式，不带任何时代设计偏见地去满足新的学院建筑的需求？此外，后一种趋势在最近几年中看来越发盛行，为什么会这样呢？传统怎么了？最终，负责任的教育者会采取怎样的立场？这些问题看来触及我们文明的根源，揭示出它的优劣之所在。

1__ 这篇文章发表于 1949 年 10 月 23 日的《纽约时代》杂志，当时的标题是"我们的大学，不是哥特而是现代"，于 1951 年获得霍华德·迈尔斯纪念奖。

好的原创建筑，不仅依赖它的创造者，公众的理解也同样重要。

瓦萨里［Vasari］曾经讲述了布鲁内莱斯基［Brunelleschi］佛罗伦萨建大教堂的来龙去脉，以及全体成员是如何参与到它整个开发过程中去的。人们得到了他们早就想要的建筑类型，在他们这一态度的形成过程中，不同的教育趋势起到了决定性的作用，要么是创造的习俗，要么就是仿制的习俗。

我们这种纯粹分析和理性的教育方法导致的后果之一就是，传授视觉艺术的习惯是以历史的和批判的方法去鉴赏，并获得信息，而不是参与到制作事物的技术与进程中去。通常，审美的鉴赏课替代了艺术的创造概念。

接着，我们就会从中发现人们之所以在必须决定新大学建筑的建筑特征时，常常显现出羞怯态度的原因。我们看来已经忘记了，这是一个为我们自己创造建筑历史的机会，让建筑以属于我们这个时代的不会犯错的方式去设计。

我们所需要的是一种视觉价值的新准则。只要我们还无休无止地沉溺在借来的艺术表达中起伏挣扎，我们就不可能成功地给赋予我们自己的文化以形式和实质。因为这意味着有选择性地运用那些最能表达我们这个时代的理念和精神方向的艺术方式。

年轻人在大学时代，周遭的环境对他的影响必然是决定性的。如果学校要成为下一代人的文化孵化基地，它的态度应该是创造，而不是模仿。激发学生创造力的环境，以及充满活力的教学，都是至关重要的。

据此，学生需要现实的事物，而不是伪装做作的建筑。如果我们没有要求他穿上早年间的服装出门，那么，用伪时代的设计去建造学院的建筑，看来就是荒诞不经的。如果我们小心翼翼地把学生守护在伤感的圣殿中，假装还存在着一种其实已经消失了很长时间的文化，我们又怎么能期望我们的学生在思考和行动中变得大胆果敢？

决定建筑设计的物质功能与精神功能是相互依存的。它们都是我们当下生活的一部分。以最新的技术方式表达物质的功能，却借用过去的历史外壳表达精神上的功能，这是一种年代错乱。这种尝试混淆了应用考古学与建筑艺术。真正有机生长的建筑意味着持续的更新。

就像历史所展现的那样，思想和技术上的进程让美的概念发生了改变。当一个人**想象他已经找到了所谓"永恒的美"时，他就陷入了模仿和凝滞的状态。真正的传统是持续成长的结果，它的性质必定是动态的，而非静态的，它将为人们提供取之不尽的激励。**

如果现在从这一有利的点出发，看一下我自己眼前要着手解决的难题——哈佛大学新的研究生中心的设计——并且思考一下其中的方法，在伟大的教学机构的历史使命和今天年轻男女们不满足现状、充满好奇的头脑之间，这些结构如何能成为某种至关重要的连接 (图36、图37)。我也明白，如果得不到学生们真心真意的情感回应的支持，不尊重哈佛大学特定的建筑传统，那是无法办到的。

现如今什么是传统？"院"，哈佛的"院"，这里很多学子们对此是相当熟悉的，它展现出一种建筑设计上合理的基本母题，几个世纪以来，几乎所有的建筑师都恭恭敬敬地在他们各自的建筑物中保持了这一母题；尺寸各异，并以不同的单体房屋加以限制，方院的组构在空间上提供了一连串引人注目的惊喜。

这一空间母题满足了建筑艺术上的古老需要，换言之，巧妙地平衡建筑体量和开放空间，符合人们体验与感受和谐空间和尺度的能力。

然而，建筑自身，尽管每个都是整体中的组成部分，但并不"匹配"。哈佛在这三个世纪间建造的最为著名的建筑遗产，它们在形式与色彩上对比丰富，区别十分显著。然而，他们全都符合哈佛校园高贵的空间基底。

因此，细致地研究现有开放空间和结构的模式，就成了设计新的哈佛研究生中心的出发点。这里存在着"院"这一内在的传统，这种模式不受时间的影响，在今天也许可以用新的建筑方式再次阐释，而它对当下的生活也能行之有效。

没有必要去模仿这一时期或那一时期的所谓"氛围"。**新的建筑必须是发明出来的，而不是复制出来的**。过去那些伟大建筑的时代从没有照搬过他们前人的时代。在一栋同样相当闻名的建筑中，我们可以看到罗马式、哥特式和文艺复兴时期的形态特征并列出现 (图38)。

并不存在以复制来维护外表面统一性的方式。统一性是遵循已有建筑既定的空间秩序而表达出来的，而不是模仿它们的饰面；外观上的一致性在过去从来就不是强制性的。只有我们对过往时代的审美关注，才会使我们强行将所谓"古典的"立面放到工业时代建造的数百栋学校建筑上去。

我相信，必须找到不同的方法，以崭新的建筑表达力求诠释我们这个时代发生的巨大变化。

例如，如何既使用重复的标准部件，又能将这些部分组织在一起呈现出多样的面貌，这在现代建筑中是个充满挑战的难题。在研究生中心，我们通过改变宿舍楼的走向以

图 36 ｜
哈佛院。新研究生中心在图的上方

图 37 ｜
哈佛研究生中心（TAC, 1949）
摄影：弗雷德·斯通，剑桥

图 38 |
意大利贝加莫教堂，罗马式、哥特式和文艺复兴时期的形态特征并列出现
摄影：康拉德·瓦克斯曼

及它们末端和连接处的设计，极力去打破重复开窗带来的单调感。这就能为旁观者提
供多样的视角。

我们也认识到，人类为了保持接受能力的警觉性，需要时不时有所变化的印象。
为了能形成这样的刺激，当代艺术家和建筑师试图创造出动态的幻象。由于玻璃制造
业的限制，像笼子一样的佐治亚窗户在那个时代是注定的，而现在取而代之的是开放
的大窗户和不分隔的窗格。这使得我们可以将部分户外空间变成总体建筑组构的一部
分，不像过去那样，到了墙那边就戛然而止了，而是创造出动态空间的延续性幻象。
这种从室内空间无限地延伸向户外的崭新关系，是现代建筑具有鲜明特征的崭新成果，
而这必然会在有意无意间影响每个人的思维范式。

在工业化的时代，再以手工艺时代的元素去建造，这越来越变成一项毫无指望的任务。要么因为缺乏技能娴熟的劳动力，陷入财务困境，要么最终成为带着工业血统的伪产品，毫无生命力。

我们不能再持续那种没结没完的复兴。建筑必须前行，要不然就是死。它全新的生命必然来自最近这两代人在社会和技术领域的巨大变化。

无论是中世纪精神还是殖民主义都已无法表达20世纪人类的生活。**建筑没有终局，只有改变，持续不变的改变。**

第7章

工业社会中的建筑师 [1]

背景分析 ▬ 在我的分析中,我期望建筑作为一门艺术,在人类生存的心理层面上,超越建设和经济之所需。美带给人的心理满足,对于完整、文明的生活来说如此重要,甚至比满足我们物质上的舒适需求更为重要。情绪上的窒塞会妨碍更为有机的平衡生活的发展,我们必须在心理层面上面对它,就像我们的实践难题要在技术层面上去解决一样。

玫瑰或者郁金香,创造出它们的人究竟是艺术家还是技师? 两者兼而有之,因为在自然中,**实用和美都是构成性的品质,它们真实地相互依存。在自然中,有机的形式进程是人类每一项创造的永恒模型,不管它是由具备创造能力的科学家的心智斗争产生的,还是由艺术家的直觉带来的。**

我们都还记得车马盛行的时代,环境和精神的统一仍占据着优势地位。我们能感到我们所处的这一时代已经一去不复返地失去了那种统一性,**我们当下这种混乱环境的病症,常常是丑陋不堪,杂乱无章,这是由于我们无法将人的基本需求置于经济和**

1__ 参见 "Gropius Appraises Today's Architect," Architectural Forum, New York, May, 1952.

工业需求之上而导致的结果。人的贪欲被机器所蕴含的无法捉摸的潜能搞得手足无措，它原本可以让社群更为健全，而现在已经明显地妨碍了与人类相伴的生物循环圈。在社会的底层，人们之所以会退化是因为被当作了工业的工具在用。这才是引发资本和劳动力之间斗争的真实原因，也是引发社群关系恶化的真实原因。我们现在所要面对的艰巨任务是重新平衡社群生活，将机器的冲击人性化。我们逐渐明白，社会的组成部分比起所有的技术、经济和审美的问题都更为重要。**怎样重建我们的环境，这是建筑师的重大任务，而成功的关键在于我们要下定决心，将人当作主导性的要素。**

尽管我们中的一些人作出了努力，但是很显然我们还没有找到能把我们团结起来的精神纽带，同心合力地去创建一种足够强大的文化上的"分母"，用以平息我们的恐慌，并且将其发展成为共同的表达标准。

我们中的一些艺术家必然对这样的综合逐渐失去了耐心，原本这种综合可以创造出整体来，而现在不幸的是它仍然散沙一片。

我们无法否认，艺术和建筑已经只以本身的审美为目的，因为它们在工业革命时期失去了与社群和人民联系。设计不再是发展出一种类型，并让它成为适合在有机的邻里模式中反复使用的单元。而是用来让一栋建筑的外部装饰胜过相邻的建筑。强调如何形成差异取代了对"公分母"的研究，那是我们上一代建筑师的特征，他们忧虑的是机器会造成反人性的影响。而建筑的新思想既意识到了人和社会需求的主导性，又接纳机器作为形式的现代载体，并以此满足这些需求。

如果我们回溯过往就会发现这样一个令人好奇的事实，那就是形式表达的"公分母"和个人的多样性这两者很显然是可以浑然一体的。**重复好的标准形式，这种愿望看来是一种社会的功能，而且在工业化形成影响之前，很久以来就是有案可稽的。**"标准"这一称谓本身与生产方式无关——不管是手工工具还是机器。我们未来的住宅不一定会因为标准化和预制化而受到管制；自由市场上的自然竞争将照应到建筑物组成部分的个别种类，就像我们今天在市场上体验到的那样，各种机器制造的日常产品类型丰富多彩。人们会毫不犹豫地接受前机器时代文明中广泛重复的标准形式，而这样的标准是由他们的生产方式和生活方式造成的。他们体现的恰恰是许多个体为解决问题作出贡献的最佳组合。过往建筑的标准形式传达了技术和想象的快意混合，或者准确地说是两者的完全偶合。应当再造这种精神，它绝不是过时的形式，而是以我们新的生产方式，也就是用机器去创造我们自己的环境。

但是如果不能持续地检视和更新，标准就会变得裹足不前。我们现在已经知道试图让标准符合过去是徒劳无益的尝试，我们最近痴迷于新建筑必须始终与现存建筑相匹配的理念，暴露了我们这个时代的一个糟糕弱点，这是对精神破产的默许，因为在过去还没有过先例。到了我们自己队伍中的革命之后，事态已经澄清，我们看来就是为一种全新的创造性努力而配置的。因此，调研一下我们的专业框架在多大程度上符合我们这个时代的条件应该是合时宜的，这也是我试着要去勾勒的。让我们看看我们是否已经充分地认识到了生产方式的巨大转变。为此，我们必须从技术历史的角度来看待我们的状况，因为我们不再生活在一个甜美的沉思和平稳的时代。我们应当重新考虑我们的基本原则，因为肯定有一些令人惴惴不安的事实是我们无法忽视的。

在过去那些伟大的时代，建筑师是手工艺师傅或者是总建造者，在他所处时代的整个生产进程中，起到了非常突出的作用。但是随着从手工艺到工业的转变，他不再占据着这样一种主导性的地位。

今天，建筑师不再是"建造工业的主宰者"。建筑师还在沿用旧有的手工方式思考，而且对工业化的巨大影响不甚了了，他已经被那些跻身于工业、工具制造、测试和研究的优秀工匠抛弃了。建筑师面临着在与工程师、科学家和建造者的竞争中失去控制的危险，除非他调整自己的态度，以迎接新的情境为目标。

设计与执行的分离 ▬ 现如今，大量建筑的设计与实施完全分离，如果我们将这与过往那些伟大时代的建造进程相比，这种分离总的来说是人为造成的。我们已经远远地偏离了初始的和自然的方法，那时建筑物的概念和实施还是一个不可分割的进程，建筑师和建造者是一个或者同一批人。**未来的建筑师——如果他还想要晋身到顶端——不得不由事态的发展所迫再向建筑生产靠拢。**如果他在未来建立一个与工程师、科学家和建造者密切合作的团队，那么设计、构造和经济也许会再次融为一体——艺术、科学和商业的融合。

我将更具体地表明我所针对的标靶：美国建筑师学会在1949年大会上，在学会的强制性规定中增加了一个新的段落："建筑师不得直接或间接介入建造合同。"

我对这项规定的貌似"机灵"抱有极大的质疑，因为这条规定将继续把设计和建造分离开来。恰恰相反，我们应该努力去找到一种有机的重新统合，这样才能让我们重新掌握建造技术。当然，这一强制性的规定是出于善意的，名义上是为了阻遏不公平的竞争。但是恐怕这仅仅意味着某种背道而驰，并没有试图建设性地去解决我们所处的困境。

让我们不要再自欺欺人，强化我们目前在客户眼中的地位。一般的私人客户似乎将我们看作奢侈品行业中的一员，如果他有多余的闲钱来"美化"才会招呼我们。他并不把我们看作像建造者和工程师那样，对建造工作而言是必不可少的。

如果你认为我言过其实，那就来看看美国的事实：

超过 80% 的美国建筑是在没有建筑师的情况下建造的。

在东部，建筑师的平均收入比砖匠都低。

通常人们并不理解我们所界定的建筑师应当要完成的复杂任务，而且我们也无法充分地澄清这些事务。

当一位客户在建造时，他想要以固定的价格和确定的交货时间购买完整的建筑物。他对建筑师、工程师和发包商之间的劳动分工完全不感兴趣。由于他在潜意识中感觉到设计和建造之间分隔得如此之远都是人为造成的，他通常会得出这样的结论：在他金钱和时间的计算中，建筑师也许就是那个未知数 X。

我们还可以有别的什么期盼呢？尽管我们不得不以研究和实验的方式开始几乎每项委托，但是当我们不得不满足一个固定的价格时，我们不正处于那个几乎不可能的位置吗？将它与工业中从纸面设计到测试模型再到最终生产的漫长进程做下比较。在我们这一设计领域，我们不得不承担所有的研究成本，因为我们自己的模型和最终生产完全是一回事。特别是因为它要么是由客户，要么是由公共机构而引发的改变所支配，这是不是已经变成了一项几乎无法处理的任务？

我们经常诘责我们的所作所为从商业角度来看的合理性之所在，我们越想要做到精明强干，我们的工作就越勤勉刻苦，也就更难把精力花在减少开销上，我们会因为这么少的酬劳而越发得不偿失。而从客户那一边来看，建筑师之所以故意增加建造成本是为了自己的物质利益，因为这样可以增加建筑师在其中所占百分比的酬劳，所以客户经常尝试采取一次性支付费用。当然，我们必须反对客户的这种趋向，因为这对我们相当不公平，但这并不能从任何一个方向解决棘手的问题。事实上这是我们最大的伦理困境。它常常导致客户的不信任感，因为这一程序对双方而言都存在内在的不公平，甚至让许多客户干脆就不再寻求我们的服务了。

工业设计师的案例 ▬ 这种情况并不会发生在工业产品设计师身上，他们通常会获得开发模型的原始服务的报酬，外加生产增值的版税。工业产品设计师不仅在经济上受益于自己创作的成功，而且在地位上也受益于他与科学家、工程师和商业人士同属于一个团队的合法成员。这一流程，在工业中越来越得到发展，它将此前孤立的艺术家－设计师带回到社会的各界人士之中。

我确信，类似的团队协作也将成为建筑业的趋势。这将再次为未来的建筑师提供成为总工的机会，他将更多地协同建造行动——只要我们愿意在态度和训练上实行必要的改变。当然，他能否达到这一职业历史高度的目标，通过自己的创作将所有的社会、技术和审美集成到一个吸引人的综合整体中去，将有赖于他的创造性视野。我所说的他能否成为实际上的总工的这一"目标"，取决于他在合作团队中的表现。他不能要求这样的领导权，因为团队应当由最棒的人去领导。**但是，建筑师的历史任务一直以来就是对所有建造人类物质环境的努力进行全盘的协调。**如果他还想承袭这一更高的使命，那么他必须遵循全新的工业生产方式训练新的一代人，而不是将他们限定在与制作和建造相脱离的理想化的绘图板上。

工业化与预制化 ▬ 机器当然不会在建造的门槛前停下自己的脚步。建造的工业化进程比起其他生产领域而言，看来只是需要更长一些的时间去完成，那是因为建造会更为复杂而已。一个又一个的建筑部件从手工艺者手中转移到了机器那里。我们只消看一下制造商的目录，就能够确信，已有无数种工业化建筑部件可以由我们支配。在循序渐进的进化过程中，旧的手工建造过程正在转化成从工厂发往基地的现成工业部件的组装过程。进一步地说，在我们的建造中，机器装配的比例正在稳步增长。比起居住建筑来，预制已经更深入地浸透到了摩天楼的建造中。

但是说老实话，我们必须承认只有相当少部分的建筑师直接参与去影响和表达这一巨变，或者设计那些我们所有人在建造中都会用的组件部分。正是他们，工程师和科学家，在这一发展中举足轻重。而这就是为什么我们不得不加速训练我们建筑师的年轻一代，去重新赢得失去的领地，为此他们有双重的任务：其一是投入建造工业，并积极参与开发并形成所有那些用来建造的部件部分，其二是学习怎样用工业化的部件去组构美的房子。在我的观点中，这预示着更直接地在工坊和工地上参与和体验，去接触工业和建造者，比我们通常的训练所能提供的要更胜一筹。

将来那一代的建筑师必须弥合设计与建造之间这一致命的鸿沟。

首先，让我们停止关于各种风格的争吵吧；每位建筑师都有责任捍卫他设计成果的完整性。对于整个行业而言，重要的是紧密合作，一起努力思考，接着作出建设性的决断，也就是说，我们如何重新打开通往建造生产领域的大门，让年轻一代的建筑师受惠于此。他们对我们专业设置的托管制度特性以及它合乎逻辑的结果——自封的首席建筑师，正在失去信心。**未来的建筑师将拒绝被自然的冲动所约束，与行业一起实际参与团队的努力，去生产建筑及其部件。我相信，重点将越来越放在团队上。**

团队合作 ▬ 多年来，通过我作为一名教育者的活动，我个人一直在关注年轻建筑师离开学校展开实践之后的困境。我也见到过他们勇于尝试，想要不依赖他人，让自己得到认可，而更常见的是，他们放弃自己，去大公司里作为草图人员无期限地工作，在那里很少有机会或者根本没机会发挥个体的能动性。如此年轻的能量和天赋被我们越来越集中化的工作体系慢慢地损耗榨干，着实是件令人难过的事情。民主概念并不那么容易经受得住我们日益增长的机械化和超级组织化的攻击，除非能有一种灵丹妙药，用来在这场与大众思想夷平效应的斗争中保护个体。

除了个人训练之外，我还向我在哈佛的学生引入团队工作的经验，由此我已经试着去找到这种解药。对学生而言，这是有益的刺激，同样，对那些教师而言，他们也不熟悉团队中协同合作的优势与困难所在。现在他们不得不学会合作，同时又不失去自己的身份认同。这对我而言是摆在新一代人面前的紧迫任务，并不只在建筑领域，也在我们去创造一个统合的社会的所有努力中。

在我们这一特定的领域中，并没有关于这种合作规则的说明书，除非我们一直追溯到中世纪，向大教堂建造者的工作团队学习。在这种建造行会的组织中，最引人注目的事实是，直到十八世纪的晚期，每一位从事这项工作的匠人都不仅仅是一名执行者，而且还被允许将自己的设计融入他那部分工作中去，只要他能遵循主导者的设计指导基调，那是建造行会秘密的几何辅助，类似于音乐作曲中的调子。几乎不存在预想好的图纸设计；团队生活在一起，共同讨论任务和创建他们的理念。

将它与我们当下的情况比较一下。我们被期望着将我们所有的设计理念，一直到最后的那一步，都放到图纸和规范中。接着工人队伍必须执行我们的设计。我们几乎不被允许做任何改变，尽管并不存在那样的天才，能有足够的远见或想象力，在他所预想的设计中正确地判定每个细节的效果；更不用说，他对建造和制作的实践过程越来越不闻不问。而现如今的工人们没有任何机会为建筑的设计作贡献。而在建造行会的时代，人们相互之间的合作可以释放出个体创造性的直觉，而非抑制它们，这在当下并没有太多实际的可能，并且我们对用来满足这种团队工作可能的基本需要的那方面知识还一知半解。今天，在我们的职业中，它是如此不为人知，甚至人们很容易以忧虑的眼光来看待它，因为过往世纪中的意识形态已教导我们，只有个人天分才能被看作真理和纯艺术的唯一体现。**确实如此，创造的火花一直以来都是由个体产生的，但是比起生活在象牙塔中，与他人朝向一个共同目标而密切合作，他将借由队友的激励和富有挑战性的批评，实现更高的成就。**当然，创造性思维通常在任何情况下都能发挥作用，即便是在不利的条件下，但是如果我们想要提高平均表现，那么对于提高和改善个体的贡献而言，团队工作就变得至关重要。

真正意义上的团队工作，它的必要条件是自觉自愿地投入；它不能经由指令去创建。这要求在头脑中取消成见，并要有坚定的信念，思想和行动的统一是人类文化得以发展的先决条件。个体的天分将在这样的团队中迅速体现出来，受益于日常交往中相互交流的思想。当所有的成员并不是靠指派而是通过表现才有机会成为领导者，真正的领导力才会显露出来。领导力并不只有赖于天赋，而更多的是靠一个人所具有的强烈的信念并献身于服务。服务和领导看来是相互依赖的。

我们的时代或许和其他时代一样有足够丰富的原创天才，但又常常注定在一种孤立的、偶然的创造力的迸发中耗尽了自己，因为缺乏综合全面的回应，他的信息就会散失掉。如果我们能够让个人的天赋重新发挥其自然的作用，也就是说，不是在尊贵的孤傲中工作，而是以同侪之首去工作，在更为宽广的基础上形成理解和回应。

当然，只有良好的意图还不足以打造一个团队。我们必须重新学习合作的方法。这需要相当多的时间去养成一些习惯，这对富有成效的团队工作而言似乎是必不可少的。我发现所有必备条件中最为重要的是，每个团队的参与者必须从一开始就告诉另一位成员他在持续和相互交流中的所思所为，但是哪怕每个人从一开始有着最好的意图去推进这种方式，它也将耗费相当长的时间去训练自己以实现这一目标。接着这种交流就变得必不可少，它将每个不同的个体安置在合作团队中各司其职，当然，每个人都喜欢做他特别适合去做的事情。然后，研究会很快地发展，而且多样的观点发展成为团队面临的挑战，最终达成一致。在众多必须去解决的客观问题的洪流中，个体的虚荣本性慢慢沉静下来。这项任务逐渐超越个体，最终他几乎记不起究竟是谁首先提出理念的这部分或那部分，因为他们所有的想法都是在相互的激励中形成的。个体的状态在这一志愿团队的集体努力中成长。由于民主显然取决于我们的合作能力，我希望承担协调者这一天职的建筑师，能引领发展出团队协同合作的新技艺之路。这种技艺本质上应当强调个体自由的主动权，而并非老板发号施令的权威方向。团队工作的尝试可以让我们保持韧劲和灵活性，并且它的方法比起老板－雇佣者的关系可能更适应我们这个时代的快速变化。**比起只是将很多个体的工作汇总在一起来说，所有个体同时努力的团队更能将它的综合工作提升到更高的潜能。**

毫无疑问，这种对未来的建造而言更有成效的团队类型一定要深入生产领域。专门化的增长需要持续发展的协调。

为了能实现这样的未来，我们有两项任务，第一项是开发建造的组件，为此建筑师有必要与科学家和制造商打造一个团队。建筑师的第二项任务是用这些组件设计出成品建筑物，并在场地上实际组装，应当在他、工程师和直接接触工业方法和研究的建造者紧密的合作中加以解决[1]。再明显不过的是，作为个体建筑师的我们并没有检测新材料和新技术的设备和方法，甚至很少能像总工控制手工艺那样去控制新技术潜能。为了让整个建造过程再次变得更有效率，我们需要团队和工业的生产工具。但是，我们不应当假定我们有担当团队领导角色的自主特权，可以以此自我加冕。作为工业中的后来者，我们必须果敢地承担风险，作为一个平等的角色加入团队，接着通过我们自己的表现方法，展示出我们是否有能力在平等的人中担当首要的位置，由此最终改变公众心目中的等级秩序而尊重建筑师。

将我们工业化的社会与手工艺的社会对比一下，其本质上的差别在于劳动力的分配，而并非所使用的工具。复杂的纺织机器只代表着对早期手工织布机的改进。但是在工作程序上是由同一个手工艺者处理，还是分化成许多片段，就像流水装配线那样由一个工人传递到另一个工人手上，这就标志着原则上的重大改变。正是这种劳动力分化的原子效应，分解了前机器社会的流畅性，而并非机器自身。我自信地希望有机地打造出来的团队工作方式，可以逐步将我们拉回到本质的连接，这对同心协力而言是不可或缺的。

1__ 对于这种类型的合作，我并不是指所谓的"一揽子交易"性质的公司，因为他们或多或少地会将建筑设计放在所有重要事务的次要位置。在我心目中的团队中，设计师必须拥有与商人和建造者同样多的决策权。他必须是法定的合伙人。

我只是试着在我们将要到来的职业的分岔路口抛砖引玉，其中一条道路看上去崎岖不平，但是更为宽广，风险和希望并存。而另一条是狭窄的路，有可能会通向死胡同。

　　我已经为自己去向何处作出了选择，但是走了这些年，我所能做的就是劝导那些代表着下一代的人直接参与到工业和建筑物的生产中，去探寻一种建设性的解决方案，在未来的实践中重新关联设计和执行。我无法相信，一名年轻的建筑师和一名年轻的建造者真的会缺乏"综合"，当他们为了打造一种完善的现代服务——既有设计也有建造的执行——决定去携手时，我们应当积极鼓励这种自然的结合。

　　有人问过我，当剥夺了客户对他的建筑师受托人的控制权时，是否会让他感到孤立无援。我的答复是我们购买日常的货品时并不需要受托人，我们选择这些产品是因为制造商的良好信誉。而对于建筑物及其组件部分而言，我并没有看出有任何的区别。当然，我知道这项调和设计和执行的任务——这两者应当是不可分离的——仍将遭遇相当多的困难，只能在实践中慢慢地去加以解决。但在执行任何新方向之前，首先总是要在态度上有所转变。

　　当然我并不认为这项提议可以用来治愈那些困扰着我们职业的病症。没人知道必须采取怎样的措施去防范不公平的竞争，同时为那些想要创造性地参与建筑和建筑组件生产的人大开绿灯。我所建议的就是在今天流动性的状态中，敞开大门面向新的一系列的难题，以及那些受到工业化冲击导致的棘手问题，所有这些必须由新一代的建筑师们来解决。

第8章

建筑师：服务者？或领导者？ [1]

现代建筑，它不是从老树上发出的新枝，而是先移根，再换叶——换言之，它得是从根上重新生长出来的。这并不意味着我们要共同见证某种从天而降的"新风格"。实际上，我们耳濡目染、亲身经历的是一场激变中的运动，它已经为建筑造就了迥异的前景。这一前景之下所秉持的哲学观，必须与当前的科学与艺术中的大势紧密交织，坚定不移地去克服那些试图限制它茁壮生长、根深叶茂的艰难困苦。

所谓的"风格"由什么构成？ ▬ 评论家们总是按捺不住强烈的欲望，想将这些仍处于激变之中的当代运动分门别类，把它们井井有条地放进棺材板里，接着一个个地贴上风格的标签。人们原本还可以试着去理解这场建筑与城市的新运动中所蕴含的动力，让评论家们那么一来，反倒助长了广为流传的混淆。我们要找的究竟是什么？是新的出路，而不是新的风格。风格是什么？它是那种可以用来举一反三的表达，已经是整个时代的"公分母"。**如果只是为了分类而分类，就把活生生的、尚未成形的**

1__ 参见 "Eight Steps toward a Solid Architecture" by W. Gropius, Architectural Forum, New York, February, 1954.

艺术与建筑，盖棺定论作某某"风格"或者啥啥"主义"，那么这不是在激励创造性的活动，而是在将其扼杀于襁褓之中。我们身处的时代正在改天换地，旧的社会在机器的冲击下已分崩离析，新的呢，还草创未就。苏生之流，表达之变，与生活休戚与共，所有这一切更关乎我们的设计工作，而不是要人们跟在形式范的"风格"后面兜兜转转。

着急忙慌地扣上个术语，将会带来多么严重的误导！就拿所谓的"国际主义风格"来说吧，让我们分析一下这个再倒霉不过的命名。它是风格吗？不是，因为它还在变化之中，那它是国际的吗？也不是，而且恰恰相反，它的走势是为了从环境、气候、地景，还有人们生活习惯的种种之中，找到地域的、本土的表达。

风格，在我看来，只是历史学者们对过往的时代勾勒与命名。目前我们还做不到平心静气地对还在发生的事情下一个不带个人色彩的判定。只要是人，总会矜持自负，还会嫉贤妒能，那么客观的视野就免不了会被扭曲。为什么我们不能把这些问题暂且搁置起来，留给将来的历史学家去处理这些在当前建筑中仍在生长的"历史"。而我们自己还是去工作，让它继续生长吧。在这个阶段，人类主导的精神归根结底想将人们的诸多问题看作是相互依存的，在同一个世界之中，就此我的建议是，由现代建筑发展而来的理应拿来共享，所以不要带着任何沙文主义的偏见去看待这些断言，否则势必造成某种狭隘的界限。到底是谁影响了谁？何必在这种事情上斤斤计较，却全然不顾已经取得的成就能否真正推动我们的生活。毫不夸张地说，我们从当前每个人的身上所受到的影响，要远比几个世纪前的建筑师们多得多，潜移默化、此呼彼应，正高歌猛进。我们不妨乐观其成，让这股势头充实我们自己，推进更能理解人们迫切需求的共同特征（我就是这样鼓励我的学生们的。我希望他们能做到见多识广，接受其他理念的影响，直到觉得自己已经消化和吸收了这些理念，可以与新的生活融会贯通，并体现在他们各自的设计方法中）。

寻找"公分母"与自我崇拜 ▬ 回顾一下过去这三四十年里取得的成就，我们不难发现，那些艺术范的绅士建筑师几乎消失殆尽，他们还想用所有的现代设备去做迷人的都铎式宅邸，诸如此类的应用考古很快就烟消云散了。它熔化在我们信念的熊熊烈火中：**建筑师不能再像构想纪念碑那样去构想房子。房子，是生活之流的载体，建筑师不做他想，必须为此服务。由此，他的概念必须足够灵动地去创造某种背景，汲取属于我们现代生活的活力。**当然我们也知道，一个时期的建筑，永远不可能满足这样的需求，但是整件事情也不会像脱下都铎衣套上现代紧身服那么简单，尤其一个建筑师如果还把自己的任务仅仅看作创作出显露自己天分的纪念碑，那就更不可能了。但是，这般狂妄自大的谬误，类似"好建筑师"就应当有这样的看法，即便在革命已然战胜了折中主义之后，还时不时地占据着上风。挖空心思地标新立异，弄些稀罕少见的、前所未闻的噱头，以此在设计中寻求新的表现，这种设计师比起此前的折中主义者来，实则有过之而无不及。

建筑革命带来了真正的精神，并在各地人们的心中落地生根，再经过将近半个世纪的试错与试验，终将生产出属于我们这个时代的共同的形式表达。然而，自我崇拜已然拖垮了人们的能力，让人们无法更为普遍地接受现代建筑中出现的良好趋势。因此，必须先消除这一心智上的残余，**前提是，新的建筑师要以毅然决然的态度，竭其所能地走向最好的"公分母"，去掉那些撩人的噱头**。无论出自个人的奇思怪想，还是取自当下的时髦风，这类事先构想好的形式理念都会将房子中的生命之流强迫地归入僵化的沟渠之中，妨碍其中的人们自然而然的活动。

建筑新运动中的那些先锋们，从方法上发展出了新的出路，走向"为生活而设计"这一完整的命题。他们更关注将自己的工作与人们的生活联系起来，所以把个体看作更宏大的整体的一部分。而那种个人中心主义的、爱慕虚荣的建筑师在做什么呢？为创作出能表现其个人美学的、茕茕孑立的纪念碑，把个人的想象力强加在那些战战栗栗的客户身上。我们更需要的是与此相左的社会性理念。

客户 ▃ 我刚才说的这番话，并不是要让建筑师乖乖地服从客户的意见。我们必须形成一个适应客户需要的概念，并引导他接受这个概念。如果客户的那些欲望与想象实在说不通的话，我们必须挖掘出掩藏在含混梦想下的真正需要，并试着引导他走向一条一以贯之的更为全面的出路。我们不能狂妄自大，而是要不遗余力地说服他。必须以我们自己足以胜任之力，去"诊断"客户的需求。要知道一个人真病了的话，他当然不会一再坚持地告诉他的医生如何治愈自己的病理，当然我们也知道建筑师很少能得到像医学界那样的尊重，但是，我们还是要对此抱持期盼。如果现在做不到，那还是应该确信在不远的将来，我们的工作可以包含设计、建造、经济这三种组成部分，换言之，涵盖社会的概念。如果我们忽视了自己胜任所有这些领域的潜力，或者，如果我们回避引领这些方向的责任，那么无疑就是把自己的角色降级为次要的技术员。

建筑需要坚定的信念与领导力，不为客户或者盖洛普民意测验所左右，通常那些

只不过是为了摆明某种存亡续绝的愿望，想把谁都知道的美事延续下去而已。

机器与科学为人们的生活服务 ▬ 还有一种观点，仍旧曲解着现代建筑的目标，在这里有必要澄清一下。人们说"现代之重在于生活，而非机器"，这让柯布西耶的口号"住宅是居住的机器"成了老套陈旧的说法。由此，现代运动早期的先锋派人物给人留下某种刻板的印象。那是些只知道沉迷于机器的荣光，而对亲密的人类价值漠不关心的"怪物"，这也包括我在内。我不明白的是，我们之前千方百计想要留给人们的难道就是这些贫瘠的养分？事实上，在我们早先的讨论中，如何将机器人性化这个问题，曾占据过非常显要的位置，而新的生活方式才是我们的所思所想真正聚焦的重点。

谋划新的方式，最终服务于人，就像包豪斯所宣扬的那样，保持某种张力，在为实用、美学及心理的需要而展开的斗争中寻求平衡。**功能主义，不能仅仅被看作理性的过程，它同样也包括了心理的问题。**这一理念要求我们的设计兼具物理与心理的功能。对我们而言，情感的需求与实用的需求是不可偏废的，尽管机器和科学的新潜能曾让我们心潮澎湃，但重点并不落在机器本身，而是怎样善用机器与科学为人们的生活服务。反观我们那时候在机器这个问题上的所作所为，我觉得恰恰相反，并不是过多了，而是太不够了。

什么是地域表达？ ▬ 在现代建筑的发展中，另一种疑虑不安会时不时地冒出来，不少人背离我们的事业而去，返回19世纪的折中主义，就此半途而废，不能锲而不舍地从根上重新恢复自身的活力。设计师转向往昔的特征和想象，把它们混合到现代设计中来，还天真地以为，这样就能让现代建筑变得广受欢迎。即使从手段上来看是正当的，但在实现目标时过于迫不及待了，所以说，他们的"新"只是魔法般灵光乍现成所谓的新"主义"，并不是新的对地域的真诚表达。那么，真正意义上的地域特征从何而来？无论是把那些旧有的象征，还是把来得快也去得快的最新的本地时尚搅和在一起，这类多愁善感或者照葫芦画瓢的方法都无法找到真正的地域性。但是，如果我们能抓住建筑设计中最基础的差别，那又会怎样？就拿加利福尼亚的气候条件来说吧，它与马萨诸塞州的不尽相同，仅凭这一事实便可以在表达中实现多样性。建筑师不妨将这两个地域室内外关系的鲜明反差当作设计概念中的聚焦点。

说到这里，我还想提醒大家一个问题，所有建筑学校都普遍存在的问题。如果我们的教学围绕着不切实际的绘图板，那么长此以往，我们也就一直处在某种危险之中，那就是培养出所谓"早熟的设计师"。他们势必对工地也好，对建造从手工艺到工业化的进程也好，缺乏实际的经验。至少有些学生会全盘接受时下的风格理念，还有其中的夸夸其谈和陈词滥调。这就是过分囿于学院训练导致的后果。因此，只要一有去工地和参与整个或者阶段建造的机会，年轻的设计师就应该牢牢地抓住，这才能掌握到本质之规，确保知识与经验之间的平衡。

服务与领导 ▬ 你或许会问："刚才说的这些，与文章的标题'建筑师：服务者？或领导者？'又有什么关系呢？"，我的回答其实早就在当中了，相当简单，就是将标题中的"或"换成"与"。服务与领导似乎是相辅相成的。一位好的建筑师必须服务于人，同时必须基于真挚的信念，体现他真正的领导力：就像领导做这份职业的工作团队那样，去领导他的客户。领导力不仅有赖于与生俱来的能力，而且更取决于信念的强度以及服务的意愿。那么，他怎样才能达到这一步呢？我的学生们经常会来请教我，想让我给他们提点建议。离开学校之后，便要成为独立的建筑师走向社会，兜售自己的信念，但是如果社会对建筑与规划中新的理念还毫无所知，那么他们该怎么办呢？

我的回答是：

年轻人，如果你想要实现自己创造性的理念，那么解决眼前的生计并不是你唯一的目标。因此，你真正要解决的是，怎样让自己的信念完好无损，怎样言出必行，还要找到为此付出的人。你不一定能够马上找到这样一个建筑师，他既能与你分享设计方法，又能给你提供进一步的引导，那么我建议你，不妨先找一份有报酬的工作，只要用得上你的技能就足够了，但是在空闲时间，你一定要坚持不懈地让自己的兴趣保持下去。可以先试着在你身边的人里，找一两个朋友，组一个工作团队，再选择一个至关重要的主题，试着一步一步地一起去解决。如此这般，不断投注精力，直到你与你的团队一起，能对外公布可靠的解决方案，这样你就成了这方面的能手。期间还要出版，还要展示，这样，对你所处的共同体的权威而言，你也许能成为顾问。接着创建战略中心，在那里人们会面对新的现状，还要经得住猛烈的批判，这都是必经的阶段。直到人们学会重新发展出他们已经萎缩衰退的身心能力，恰如其分地运用所提供的新的设置。我们必须分清楚，哪些是首要的真实需求，而哪些只不过是惯性与习俗的模式，人们经常美其名曰"人民的意志"。

我们的世界中令人恐惧的现实不会因为用"新模样"将其乔装打扮一番就能得到

缓解的。再者，以为给我们的家园添置些多愁善感却无关紧要的玩意儿，就能把我们的机械文明人性化了，这同样是徒劳无功的。**但是在我们的工作中，如果人的因素越来越占据主导的地位，那么建筑不能只是从花里胡哨，还得从建筑的骨子里透露出设计师的情感品质。想要实现这一点，就必须既做好服务，又做好领导。**

第三部分 [1]

规划与住房

1__ 这一部分的章节大多是我为国际现代建筑协会撰写的文稿。它是一个以"总体建筑"为目标的国际组织，充满活力，始终如一。

第9章

国际现代建筑协会［CIAM］1928—1953[1]

国际现代建筑协会成立 25 年来，我一直是尽职尽责的成员。而此刻看来是个合适的时机，让我可以表达一下个人的观点，这样一个由建筑师与规划师组成的国际大本营在为新建筑的长期斗争中，对我个人的意义何在？

最为重要的是，在一个充满困惑的世界中，在一个零打碎敲各自努力的世界中，出现了这样一个小型的、超越国度的建筑师团体，觉得很有必要群策群力，把那些摆在他们面前的来自诸多方面的难题，当作一个总体来看。

我们将总体性这个概念置于所有其他有限的具体目标之上，这项决定就已摆明了我们的态度、我们的信念和信仰。这一理念在大相径庭的条件下，在民族和种族传统大为不同的团队间，充满磁石般的力量。它始于欧洲，而今已遍布地球的四面八方。这让我们感到无比充实。来自不同国家不同种族的天才，往往全神贯注于一条特定的出路，来实现我们将其他出路排除在外的共同冒险。这点让我们感受到如果要强调差异的价值，那我们是多么需要其他生活形式的激励。

1＿＿这篇报告是为 CIAM 成立 25 周年写的。国际现代建筑协会于 1928 年在瑞士拉萨拉兹城堡［Château La Sarraz］成立。作者格罗皮乌斯从 1929 年起担任该组织的副主席之一。有关国际现代建筑协会的目标与章程，请参见 Can Our Cities Survive? By J. L. Sert, Harvard University Press, 1942.

比如，在美国往下算五岁，更年轻的一代，他们似乎统统沉迷于那些如何去征服外太空的问题。他们屏息凝气地盯着世界上的科学家们为我们描绘通往星空的道路，哪怕在我们地球上的事务还没有安排妥当之前。他们的想象力正在探寻全新的前沿，对这种扑向未知事物的狂热带来的目乱睛迷和神志不清，几乎不挂在心上。

当我们直面世界上那些被我们称为"欠发达国家"的问题和福祉时，我们发现，比起我们为自己创造的复杂文明，他们的文化常常会带来更为历历可辨的洞见，那是对人类生活最深层次动机的洞见。在这一点上，我们有时候似乎比他们对自己古老的渊源关联的无迹可寻更加感到惋惜。但是如果反过来想当然地认为，只要他们不参与到现如今已经将我们捆束在一起的演化进程中来，就能保持他们的完整性，那也将是大错特错的。而有件事他们通常比我们任何一个人都记得确凿不移，那就是人是为了追求幸福而生活的。我期望建筑师们能够更多地研究所谓"幸福"的先决条件究竟是什么。曾经有过这样一个时期，人们要建筑师们考虑的是不渗漏的屋顶，认为那就是幸福最为重要的需求，但是我们后来发现，就算做到了挡风遮雨，也不一定能创造出令人愉悦的人类气候。

由此我断言，**我相信创造美并且塑造价值和标准是人类最深处的欲望，比起舒适性来说，只有这些才能感人至深，感人至久。在这场为数百万尚未得到庇护的人覆上不渗漏的屋顶的日常斗争中，我们容易忘掉的正是那种感动。**

我满怀信心地期许国际现代建筑协会能继续战斗，为总体性这一肇始的概念出谋献策，以人作为尺度去解答我们在规划和建筑中遇到的所有难题。

第10章

城市工业人口最低限度住宅的社会学前提 [1]

第一次世界大战之后的几年里，住宅设计中的全过程暴露出最低限度住宅的发展已经陷入了某种僵局，很显然，这是因为根植于国家社会结构中的改变，这一变化要求人们能够在此前从未受到足够重视的住宅单元所必备的类型和尺寸上，创建出崭新的标准。而这一方向上任何一项工作的起始点，必须先确定社会中的这些转变。必须承认人们在生物学与社会学意义上的生活进程的演化发展，以此引领我们去定义手头的任务。只有在这一步完成之后，才有可能去解决问题的下一步，为实现最低限度的住宅创建出实际的构划。

社会学的历史是人类从荒野中逐步演化而来的故事，从野蛮到文明，不妨借用已故德国社会学家穆勒-利耶尔 [Müller-Lyer] [2] 已取得的科学成果，他将人类社会区分为由四种不同的法主导的时期：

1__ 参见 "Die soziologischen Grundlagen der Minimalwohnung," Die Justiz, Vol. 5, No. 8 (1929), Verlag Dr. Walther Rothschild, Berlin-Grunewald.

2__Dr. F. Müller-Lyer, Die Entwicklungsstufen der Menschheit [Man's Phases of Development], J. F. Lehmann, München, 1912.

1. 亲缘与部落法的时代；

2. 家庭和家庭法的时代；

3. 个体与个体法的时代；

4. 合作和共有法的未来时代。

他以这种划分确定出社会逐步改良的连续阶段。详细地研究这几个阶段对我们大有裨益，因为其中的规律相当清晰地表明，现代社会中被很多人认为是退化衰落的某些现象，事实上就是不断分层的社会演化进程的明证。

史前时期，个体只不过是社会中的一员，他的行动全然是社会性的。在那个时代，个体还未被唤醒。

形成个体主义的初始征兆表现在男人对女人的征服，父权家族兴起并延绵不绝，直到我们现代工业国家的形成。

女人被征服之后，男人又被统治者奴役。社会分层区分了领主和农奴，并解放了统治阶层，由此这一阶层能够致力于更高层次的文化问题。大众被驯服成劳动力，但是个体的权利遭受打压。

战争国家的武力统治之后是工业国家的金钱统治。两者都是有产阶层统治，大众穷困潦倒。工业国家受到科学知识增长的鼓舞，发展出更先进的生产方法。对自然的开发使所有人都有可能过上有文化价值的生活。肆意妄为的个体主义让渡给了社会性的个体主义。全面发展的个体成为国家的目标，而社会结构则成为实现这一目标的手段。

由此，部落制与父权制的概念演化成独立的个体理念，并最终将在未来超越个体，演化成共有的联合体。

受到国家经济生活的启发，合理化的理念当前已经成为主导的智性运动。在这场运动中，个体的活动逐步与整体社会的福利建立起有益的关系，这一概念超越了只考虑个体的经济便利之计。社会意识从"理性"的动机中崛起。

伴随这一演化进程的是家庭结构及其意义的转变。

父权制家族以家族首领的最高权力为属性。妻子生活在智识贫乏并接受宰治之中，而孩子们哪怕长大了，也要绝对服从一家之主的意志。亲戚与农奴，也就是后来的仆人、学徒工与雇工，都是这一大家族中的成员。家族是一个自给自足的小世界，是这个国家中的生产与消费的单元体。

18 世纪标志着农奴从封建领主那里逃向一座座自由城市。具有父母主权结构的小家庭数量增加。

随着个体权利这一概念的散播，家庭逐步将自己的职能交付给国家，这样一来，家庭单元在社会图景中的重要性降低了。

机器的发明引领了劳动力的社会化。物品不再只是为了满足生产者自己的需要，而是放到社会上以交换为目的。随之而来的是，国内的工业生产从家族手中抢夺过来，并转换成社会化的生产。家庭，这一更小的单元，由此也就失去了它作为自给自足生产单元的属性。

随着个体的逐步浮现，人类出生率下降，而且是在所有文明的国家都有所下降，这是以类似的方式能够观察到的生活形式上的变化。由科学成就武装起来的个体意志，趋向于自主地控制出生，这主要缘于经济等诸多原因。在所有的文明国家里，一代人带两个孩子的模式确立。

基于欧洲国家和美国等国家的调研，我们或许可以假定一般的家庭包含 4 到 5 名成员。这是平均数，城市和乡村都差不多，而大城市的家庭平均人数整体上会低于 4 人。

根据德国 1928 年的人口普查的数据测算，德国的出生率在 1900 年是 35.6‰，到 1927 年为 18.4‰。由此可见，出生率已经降低了一半。尽管如此，仍有 6.4‰的人口过剩。

在其他的文明国家，出生率的下降导致的家庭规模的减小，也在以类似的速度发展。随着工业化程度的提高，各个国家的出生率都在降低，但仍然存在人口过剩的情况。

在父权制体系中，养育小孩只靠家庭负责。而现如今，国家要拿出一定比例的花销用在孩子的教育上，这笔费用交到了公立学校受过特定训练的教师们的手上。国家因此侵入了父母与孩子的关系，并根据社会的视角对此进行调控。社会保障法规确立起来，为老年人、病人及有生理缺陷的人提供保险，从而逐步减轻家庭照顾老弱病残的负担。

在父权家庭里，子嗣们要继承父辈的行当，而今这种制度正在逐渐衰亡，职业制取代出生制促使孩子早早地离开父母家。个体的流动性随着运输工具的增长而增长，家族就此分散并且被削弱。

户主与雇工、仆人和学徒工之间的父权制关系置换成了财务关系，就像以物易物的经济被金融经济取代一样。家族的活动已经无法容纳它所有的成员。家族居住地也成了奢望，同时也太有限了，无法再庇护和雇佣那些长大了的后辈。

昔日的农奴变成自由的仆人，但是随着劳动力社会化的发展，他们的数量逐步减少。越来越多的人摆脱家族的束缚，在产业中寻求个人的自由与独立。在现如今大部分的欧洲国家中，对家庭仆人的需求量超过了供给量的两倍。而在美国，由于缺少家庭服务，已经有很多家庭搬去旅馆居住，在那里小家庭的家务活可以经济集中。

对于社会交往而言，有限的住宅也正在失去其适用性。人们在家庭圈子外得到了智性上的鼓舞；为男男女女开办的饭店和俱乐部的数量正在急速增长。

出租公寓正逐步取代祖传下来的家宅，对家乡的依恋也戛然而止，随着机械化交通运输快速发展的推动，开启了一个个体游牧的新时代。家族正在失去自己的家园，就像部落失去了自己的领地。家族的凝聚力正屈从于国家的个体公民权利。社会化生产的条件能够让独立的个体按照自己的意志变换自己的就业场所，而人口的流动量正在以惊人的速度增长。此前家庭的大部分功能逐步变相地由社会来承担，家庭尽管在延续，但它的重要性降低了，同时国家也因此越来越制度化。

这样看来，过往的这些发展表明，此前隶属于家庭的法律、教育和属性的职能正在稳步地逐步社会化，由此，我们感受到了共有时期的第一波浪潮，也许终有一日，它会取代个体权利时期。

还有一种现象对现代家庭结构形成了决定性的影响。家庭时期由男性的觉醒引领，而个体时期以女人的觉醒和解放为特征。女人顺从男人的义务消失不见了，社会法逐步授予她与男人平等的权利。当家庭将繁重的家务转化为机械化的社会生产，女性的家务活动范围缩减了，她走出家庭，为自己天生的职业需要寻找出路：她进入工业和商业的世界。反过来，机器让工业从根本上焕然一新，表明了事实上女性从事家务手工劳动并不切合她实际的本性。

承认个体家庭的缺点，唤起了集中化管家的新形式思潮，改进后的集中组织方式，在一定程度上将女性个体从家务中解放出来，这无论如何比起她自己做家务都要更为经济，更有效率。家务的缺点不断增加，反过来进一步强化了这样的愿望。在整个家庭为生存而艰难奋斗的战役中，女性寻求为自己和孩子获得更多自由时间的方法，同时她还参与了有酬劳的工作，将自己从对男人的依附中解放出来。由此，我们不能将城市人口的经济困境看作这一过程的唯一动因，而是一种具有内在驱动力的宣告，它关乎女性的解放，作为与男人平等的合作者，在智识上、经济上的解放。

这样一种掌控家务的组织结构，不管是为了单个的男人和女人，为了小孩，为了丧偶或者离异的成年人，为了新婚夫妇，还是为了各种形式的意识形态和经济的共同体，都与最低限度住宅的问题密切相关。

即便是在当下这个时代，也要求我们在实际的工作中，将人类社会的所有形式，不管是新的还是旧的，并行不悖地持续下去。然而，很明显，任何一个特定的时代都会有某种社会形态占据主导地位；当前，个体及其独立权利的重要性盖过了家庭作为一个主权单元的重要性。女性独立的兴起，消融了强有力的家庭束缚；传统的强势联姻实际上已消失不见，早在法国大革命的时候，便已认定婚姻在法律上仅仅是公民之间的契约，这就意味着人们有离婚的权利；最终女性获得投票权，由此她们在政治上与男人平等了，她从家庭的限制中解放出来，并将她的影响力扩展到文化领域。

女性的日益独立改变了将婚姻契约当作家庭基石的根本属性。婚姻最初是由国家和教会批准的强制性制度，正逐步发展成为人与人的志愿联合体，并保持他们各自的智识和经济的独立。从经济上来说，家庭的职能简化为再生产和抚育。社会契约的组织性越强，留给家庭的领域就越少。个体主义制度，也正像其先驱家庭制那样，以它至高无上之位，挡住了走向集体思考的道路。

以上大体勾勒出来的演化发展，也可以从德国人口统计局提供的数据统计中反映出来：

离婚数

1900 年，9000

1927 年，36 449

非婚生育人口

1900 年，8.7%

1926 年，12.6%

此外，堕胎数量只能从内科医生那里获得信息，很难加以统计，不过也在大幅增长：

个人家庭：

1871 年，6.16%

1910 年，7.26%

1927 年，10.1%

有收入的就业女性与有收入的就业男性的比率（1920—1921 年）：

美国 1：4

比利时 1 : 3

英格兰和瑞典 2 : 5

德国和瑞士 1 : 2

根据普鲁士地区人口普查局 1925 年针对柏林提供的信息：

20 岁以上的女性，每 5 人中只有 3 人结婚

有收入的就业者，每 3 人中有 2 名男性和 1 名女性

5 名已婚女性中，有 1 人有工作

5 名单身女性中，有 4 人有工作

每 2 名有收入的就业女性，其中有 1 人同时也是家庭妇女

到 1927 年，在德国所有住宅中，46% 只有 1 到 3 个房间。

负责住宅管理政策制定的政府机构认为，首先必须考察社会发展的趋势，因为他们行动中最困难的步骤就是正确地从数字上估算出这些一般发展将在其管辖内人口的进展程度。只有在提出这些估算之后，他们才能对那些有待解决的需求数量加以区分，哪些显然仍旧是传统的和常见的住宅的缺点，哪些是更新的、在个体上更有差异的，而且要针对所有群体分配合适的住宅。几乎所有地区的城市住宅采购政策仍过度依赖旧有的家庭生活模式，但这种模式本身已经无法描述实际中的问题。取而代之的是以集中掌控独户的形式将一定数量的公寓结合起来，这似乎已变得必不可少，从而减轻就业女性的负担，保护她们的婚姻和再生产能力。

为了能找到理想的最低限度的生活所必需的住宅，以及生产它的最低成本，首先必须澄清社会学事实。鉴于基础原则上的潜在变化，简单地减少传统的、惯常的大公寓的房间数量和有效面积，自然无法解决最低限度住宅的构划。我们需要一种全然一新的战略，基于对自然与社会的最低限度要求的认识，不被传统想象出来的历史需要所蒙蔽。我们必须尝试为所有的国家创建最低限度的标准，这一标准建立在生物学的事实、地域及气候条件的基础之上。这一方法符合深受旅行和世界贸易影响的在生活需求上迫在眉睫的平等精神。

最低限度的住宅这一问题，就是要确定人们所需求的最低限度的空间、空气、光和热等基本要素，为的是完全发展出它的生活功能，而不会再归咎于住宅的限制条件，也就是说，由最低限度的"生活方式"取代"活着的方式"。实际上最低限度的

各种变化要根据当地的城市和农村、地景和气候的条件而定；在狭窄的城市街道和人烟稀少的郊区，住宅中给定数量的空间具有不同的意义。根据冯·德里加尔斯基［Von Drigalski］、保罗·沃格勒［Paul Vogler］和其他卫生学者的观察，如果有良好的通风和日照条件，那么从生物学的视角来看，人们并不需要太大的生活空间，特别是如果能够正确地组织起空间以提高效率；一位知名建筑师将巧妙布置的衣柜和板条箱进行对比，形象地说明了现代小型公寓相对于老式公寓的优越性。

然而，如果提供光线、阳光、空气和取暖等在文化上更为重要，而且在正常的土地价格下，比增加空间更经济，那么由此得出的规则就是：放大窗户，缩小房间尺寸，节约食物而不是热量。这就好比此前比起食物的维生素值，人们更愿意高估卡路里值，而现在许多人将更大的房间、更大的公寓，错误地当作住宅设计令人向往的目标。

为了使社会中越来越明显的生活个性化得以发展，以及偶尔需要离开自己的环境这一合乎情理的个体需求，有必要进一步确定以下理想的最低限度的需求：**即使再狭小，每个成年人都应当有他自己的房间。**体现这些基本需求的基本住宅将代表实际中的最低限度，实现其目标与意图，那就是标准的住宅。

生物学上的考量既决定了最低限度住宅的规模，也决定了它的组群，以及与城市规划的合体。**要为所有住宅提供最大限度的光线、日照和空气！**考虑到空气质量和光照强度的差异，必须设法确定可量化的最低限，并根据此下限计算所需的光照和空气的量。现有的规定，没有考虑到差异，所以在许多情况下毫无作用。可以确定的是，所有城市建筑规范的基本目标是确保住宅的光线和空气。每项新的建筑规范都在努力减少人口密度从而在提高光线和空气条件方面超越了此前的规范。然而，用尽一切招数，大力减少人口密度，正是基于这样一种不变的概念，那就是亲密无间的家庭。理想的解决方案只能考虑单栋的独立住宅，带花园的独户住宅，而以这个目标为根据，城市过量的人口密度落实到了与限制房屋高度的斗争中。然而，当前这一目标正如社会学所显示的那样，只能满足一部分公众的需要，但并非工业人口的需要时，后者的需要才是我们考察的首要目标。工业家庭的内在结构让这一目标从独户住宅转向多层的公寓住宅，最终走向集中化的大户主。这种新的居住形式绝不会危及城市人口密度下降的健康趋势，因为一个区域的人口密度可以在不限制建筑高度的情况下进行控制，只需确定居住面积或建筑体积与建筑用地的比率。这将为多层公寓楼的垂直向上发展铺平道路。独栋的独户住宅更适合目前尚未考虑的那些更富裕人口的阶层。大型公寓楼则更能满足当下工业人口的社会学需求，对症地解放了个体，并将孩子与家庭更早地分离。此外，与楼层数量不多的不带电梯公寓相比较，大型高层公寓楼提供了相当大的文化优势。对南北朝向的公寓和两层到十层不同高度的街区案例进行比较 (图39)，这一比较得出的结果确保了大型高层公寓楼在生物学上的重要优势，也就是说它可以获得更多的日照和光线，相邻房屋建筑物的间距更大，扩展的可能性更多，街区间连接着公园和游戏区。由此表明有必要发展出在技术上组织得更好的高层公寓楼，并在它的设计中结合中央集中式的主家，也就是说逐步发展出与小家庭相关的中心化和专业化的家务工作。这种大型公寓楼并不是周期衰退势必会引发的不可避免的灾祸，而是出于生物学的动机，属于城市工业人口未来的真正的住宅建筑类型。

独栋住宅的捍卫者反对住宅摩天楼的理念，那是建基于想将人水土相连的自然本能，却没有生物学的基础。

现代城市工业人口直接来源于乡村人口。他们保持原本的生活标准，甚至时不时有所下降，而不是发展与新的生活方式相应的新的需求。试图使住宅需求适应旧有的生活方式是一种倒退，有一大把的理由可用来说明这个问题，总之就是与生活的新形式格格不入。

各国早先的经验表明，生产住宅的成本和家庭的平均收入之间存在鸿沟。由此，在自由经济的框架内部，也就无法满足大众住宅的要求。结果是，国家开始减轻养家者的部分负担，并通过补助金和其他措施逐步平衡当下租住水平引起的差异。事实上，低成本住宅的建设对工业和银行业几乎没什么吸引力，工业和银行业的本性就是从生产和投资中获取最大化的利润。由于是在这样一种工业和财务框架内的技术操作，而且任何成本上的减少必须首先满足私人工业谋利，政府只有通过增加福利措施，在居住建设上提高私人企业的利润，才能提供更为便宜和多样的住宅。如果想要在居住人口可负担的租住水平上实现最低限度的住宅，那么必须要求政府做好下列工作：

1. 为了防止公共基金浪费在规模过大的公寓上，同时为了促进最低限度住宅的建设资金筹措，公寓规模的上限必须加以限制。

2. 减少道路和公用事业的初始成本。

3. 提供建设用地，将它们从投机者的手中流转过来。

4. 尽可能地放宽分区条例和建造规范。

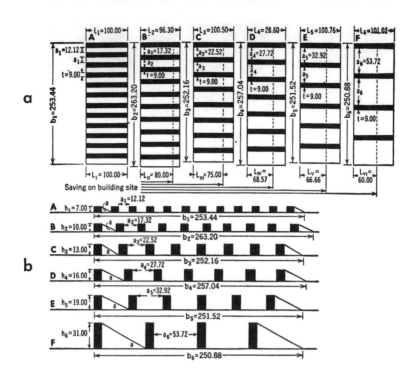

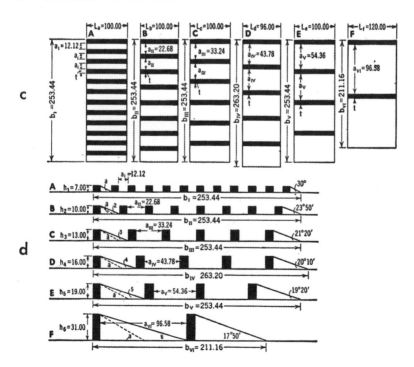

图39 |

a, b, c, d: 矩形基地中平行排列的不同高度的公寓。图 c 与 d, 随着楼层高度增加, 空气、日照、视野以及邻栋间距这些条件有所改进。图 a 与 b, 在这些条件稳定的情况下, 房屋越高, 相同的生活空间占地越少

平均而言，用收入的四分之一来交租金勉强还可以接受。必须确定拟规划的方案是否能在实际的租住水平范围内实现。

然而，如果想要取得绝对按照生物学动因的结果，那么，寻找公寓者的最低要求就不应该作为确定最低限度住宅的准则，因为那是由当前的贫困导致的；因此，以当下家庭平均收入为依据也是不准确的。取而代之的应当是，恰当地确定标准，所谓“限量供应住宅”必须成为每个就业人员最低限度的需求，接着就需要社群找到方法，让所有就业人员都能住上这种“限量供应住宅”。

第11章

独栋住宅？楼梯房？高层公寓楼？ [1]

　　从城市规划的角度来看，低成本住宅组合中最合理的建筑高度是多少？为了阐明这个问题，首先最好对"合理"的概念进行准确定义。这个术语的字面意思是"合乎缘由"，因此，在当前的情况下，它不只意味着从经济上考量，而且首要的是从心理和社会的本质上去考量。毋庸置疑的是，健全的住房政策在社会方面，比起纯粹的经济方面更为重要。尽管经济很重要，但它本身并不是目的，而是通往目的的手段。因此如果合理化能趋向于富足的生活，它才是有意义的，或者用经济的语言来讲，就是要节省更多珍贵的商品，节省人们的生命力。

　　如果从城市居住建设上去考量，那么当前关乎建筑物高度颇有成效的观点，只会被认为是权宜的方法，我们可以从以下这些选自德国政府 1929 年住房工业的指导意见的语句中总结出一种形象的表述：

1__ 参 见 CIAM, Rationelle Bebauungsweisen, "Flach-Mittel-oder Hochbau?" by Walter Gropius, pp. 26-47, Verlag Englert & Schlosser, 1931. "Das Wohnhochhaus" by W. Gropius, Das Neue Frankfurt, February 1931, Internationale Monatsschrift, Franfurt/M.

必须提供满足现代健康要求的建筑物用来居住，尤其要关注充足的照明和通风。通过广义上所说的小型住宅建设，能够最好地满足这种需求。这一目标应当是带院落的独栋住宅。根据当地条件，如果需要大型公寓，在中等城市中这类建筑应限制在三层以内，大型城市中应限制在四层以内。只有在某些大都会的特定案例中，这一限高可以突破，即使在这些案例中，也应当通过分区条例力争降低建筑的高度，尤其是在偏远的地区。

在其他的大部分国家，与这些措辞所反映的相似态度已经变得矫枉过正，人们最初都是受到了希望减少城市人口密度这一良好意图的鼓舞。在很多城市，人口密度变得过大，这主要归结于房地产投机。我们赖以生存的土地正遭受商业世界的市场操纵，政府有责任为了普遍利益采取行动，以挽回这一悲惨的局面。

野蛮的建造行为在城市里带来的破坏，引出了回归自然的趋向这一再正常不过的反应，还有一场权威与私人公民之间的斗争，为的是使大多数的人口安置在带花园的独户住宅中。毫无疑问这种居住形式在许多方面都是极好的，而且推动独栋住宅建设的公共措施也是很受欢迎的。从另一方面看，提供自然的趋势变成了住房建设中的限高，再延伸到多户家庭的住宅中去，这又谬以千里。因为比起通常降低密度的区划来说，可以通过更多合理的流程去实现减少人口密度的这一目标。对这一重要问题的建议将在稍后提出。在过去几年里获得的经济经验，以及诸多社会阶层的生活和居住习惯的调整，毋庸置疑的是，宁愿选择独栋家宅产品这种一面倒的努力，导致忽略了公寓住房的建设，而且引向了原本能够一锤定音的整个住房政策的混乱不堪。根据当下实际状况，将大多数人口安置在独立住宅这一趋势无疑是一种经济乌托邦。但是，这一目标完全是正当合理的吗？这种从乡村生活借来的带花园的独户住宅，对那些追寻自然的城市工业人口而言，从各个方面来说都是理想的解决方案吗？这种住宅类型本身，能否确保它的居住者在生理与心理上的全面发展？所有市民都生活在带花园的独栋住宅中，那会是人们所想象的城市的合理发展吗？我并不这么认为。但是，先让我们考察一下这一问题的基本前提，以便我们可以在住宅和高层公寓之间划定出最适宜的界线。

前提 ▅▅ 关于住宅理想类型的激烈冲突的观点持续存在：城市与乡村这一旧有的对立是争论的根源。人类为了刺激和放松需要这种对立，城市的人渴望乡村，同样地，乡村的居住者渴望城市，这是持续需要满足的基本驱动力。通过将城市的舒适度带到乡村，并使自然的魅力回归城市，渐进式发展改善了两者间的针锋相对。这种双重的驱动越少得到满足（这一挫折或多或少是普遍的，特别是在大城市中），争取平等因素的斗争就越激烈，比如带花园的住宅。住宅理想类型之战从它的根源来看是心理上的，由此，正如我们在与廉租房的激烈斗争中所观察到的那样，它受制于恐慌逆转和病态。

　　除了充分的温饱之外，健全生活的本质是光线、空气和有施展余地的房间。毋庸置疑，比起拥挤住宅区中的公寓，独栋住宅更能满足宜居住宅的这三项基本条件。然而引发这些不体面住宅的痛苦的起因并非多层公寓这一居住形式本身，而是目光短浅的立法，它允许这类低成本住宅的建设落入那些肆无忌惮的投机者之手，却无法为居住者提供充足的社会保障。负责任地规划出来的高层公寓街区，坐落在广阔的绿带上，楼与楼之间有充足的空间，这当然能够满足光线、空气和有施展余地的空间的需求，同时还能为城市居民提供许多其他的好处。

　　为了在集中的城市中心安置大量的劳动人口，大都市住宅开发的特定属性就是能够缩短通勤的距离，而这意味着采用多层建设，以减少水平向的距离。独栋住宅与城市的这一基本趋势是相背离的。城市规划者的任务不仅仅是改善交通设施，而且还要减少人们对交通设施的需求。洛杉矶，这个世界上最大的城市地区，几乎坚持只采用独栋住宅，而这里的市民每天大部分时间都消耗在了往返于工作或商业场所，他们为了日常的路程，牺牲掉了比德国工作人口多好几倍的时间和金钱，而德国工作人口的平均通勤距离已经够长的了。菲尔德伯格［Friedberger］教授，这位在柏林达勒姆恺撒-威廉研究所卫生和免疫研究所的所长，计算出被迫在郊区居住而在城市中工作的柏林的四口之家在通勤上的平均开支相当于标准日常租金的139%；假定在25年内利率只有3.5%，那么这种通勤成本加起来相当于廉价住宅建造成本的两倍。假定从工作地点往返的一次通勤只要半个小时，他得出柏林的220万名工作人员每年在通勤上总共需要3750万个八小时工作日。而每个人在平均工作生命的30年中就失掉了两个工作年度。相较而言，不难想象在洛杉矶会是怎样一番模样！

　　由此，一般低收入人口在郊区生活是不够经济的，这里引用菲尔德伯格在调研中的结论：

由尽可能多的地景环绕着高层建筑，看来是唯一符合大都市地区的住宅类型。我们大都市成长阶段中那些不合理的住房政策的罪过，尤其是不正确的土地使用，使唯一适用于大都市的住宅类型声名狼藉。人们对鄙视、不适当地执行和利用"廉租房"的反应激发了对独栋住宅的普遍渴望，促使人们向大城市的郊区迁移。这场运动并非以理性考量为基础，而更多的是带着感情偏向的一厢情愿。不幸的是，经济上的铁律并不会屈服于一厢情愿的住房政策。目标过于明确的公共福利实际上对公众是有害的，因为它不可能为尽可能多的人提供经济上可行的东西。

冷静的经济考量很容易被独栋住宅的梦想所掩盖。

菲尔德伯格的判断掷地有声，这是从敢作敢当的卫生专家的视角提出来的。

反对城市公寓住宅的人将出生率减少和疾病传播归因于大城市过于拥挤的生活条件，这种指控表面上看似乎是合理可信的。但奇怪的是，一些重要的事实否定了这种假定。尽管根据 1928 年"德国统计报告"手册所载，整个国家的总体出生率是18.6‰，然而所有大城市的这个数据只有 13.6‰，在西部的工业地区，特别是人口密度特别高的地区，平均出生率是 20‰，超过了整个国家的平均水平。柏林卫生官员冯·德里加斯基 [Von Drigalski] 和科隆卫生专家克劳特威格 [Krautwig] 观察到，传染疾病的扩散与拥挤的生活条件和住宅面积过小无关，而是与不符合标准的公寓中的照明和通风不够充分相关，此外，营养不良的低收入的群体主要集中在这类公寓中。

在他《关于生活条件，特别是小公寓的生活条件》的调研中，菲尔德伯格揭穿了"大城市的生活条件最差"这一成见。同时在其他人（卡尔·夫拉格）的研究基础上，以他自己对城市与乡村生活条件的细致调研，得出的结论是，将健康受到损害归结于生活条件，特别是大城市的生活条件等诸多理论受到了严重质疑。

如果我们依赖上述这些说法，**从健康的视角来看，只要能提供良好的照明和通风条件，公寓住宅就无可厚非。住宅的两种极端类型，低层的或高层的，本身并没有好坏之分，但其特性上的不同的确需要不同的应用。让我们将两者比较如下：**

个人住宅的居住者在人烟稀少的居住区，买到的是更为安静的环境和户外的生活的优势，由此换来了一些缺点，比如通勤距离长、在拥挤的公共交通工具中损失了空余时间，而且还要冒着被感染的危险，将孩子长途跋涉地送去学校，还有购物更为困难。另一方面，公寓住宅的住户必然为了获得更多的时间而减少水平距离，相应地是失去了直接接近户外的机会，而且必须使用楼梯或电梯。带有花园的独栋住宅更适合带小孩的高收入人群的家庭，他们安家落户，并不受制于工作地点的改变，不会反复搬家，而租住公寓住宅更适合需要流动的工人阶层。独栋住宅由于成本或其他的原因，无法满足这一最大量住宅消费群体的需求，它并非因为资本主义社会的毁坏，而是由于城市的属性，才禁止它的普遍引入。柏林前建设官员马丁·瓦格纳博士［Dr. Martin Wagner］是住宅建设的热情捍卫者，他认为一个既定的事实是，独栋住宅用作最低限度住宅并不可行，而只适合于大一些的家庭，此外，它的初始成本和场地需求要远胜于相同尺寸的公寓楼。这些事实是无法规避的，因此独栋住宅还是保留给更高阶层的人口。然而，毋庸置疑的是，它对于家庭生活而言，提供了许多有价值的贡献，特别是从孩子的视角来看，因此，政府必须在有独栋住宅需求的地方，促进这种类型的住宅分配和建设，哪怕所涉及的经济困难比公寓住宅建设中遇到的要多得多。在选择住宅类型时，不仅要比较建设成本，还要比较时间上和金钱上的维护成本。特别是后面的这一项在独栋住宅中会更多，尤其是将通勤成本计算在内的话。特别需要指出的是，低收入家庭缺乏相应的时间来打理房子和花园，以避免它衰败凋落。

不可否认的是，在城市一般低收入家庭中，有必要采用家庭劳动力节省装置来解放过于操劳的家庭妇女，这样她就可以留给自己和她的孩子更多自由的时间，还能够给家庭的收入作贡献。我们还应该记住，现代女性正寻求从家庭劳动中解放出来，为的是能参与家庭有偿活动。这不仅仅是出于经济的需要，也满足了她正在加强独立性的内在驱动力。比起独栋住宅来说，公寓住宅提供了更有效率的缓解，特别是如果它能提供集中化的服务设施。德国家庭主妇联盟主持的一项民意测试显示，60% 的人声称她们自己喜欢公寓住宅。执业社会工作者的结论表明，基于亲身经历，他们认为独户栋住宅只适用于高收入的阶层，只有公寓楼才是大量低收入群体的理想住宅类型。

适当考虑纯粹经济因素以外的其他因素，住宅建设领域所取得的经验表明，不能指望建设独栋住宅来提供给大量的劳动人口。事实上这类住宅常常会遭到他们的反对。因此，组织良好的现代高层公寓楼不能被认为是躲不开的灾祸。它们是一种以生物学驱动的住宅类型，是我们这个时代真正的副产品。一味捍卫独栋住宅建设的人，他们的理由是人的自然属性根植于土地（这完全是缺乏科学依据的断言），但这与许多人的直觉偏向有着直接的冲突，他们在电梯公寓里感觉格外自在，因为他们喜欢高层更为宁静的环境（没有从街上和操场上传来的噪声）和一览无余的视野。

楼房的高度 ▬▬ 接下来的问题是公寓楼最适宜的高度是多高？三层、四层、五层、十层还是十五层？

我分享一个观点，那种坚称不带电梯的四层公寓比十层公寓更能与"自然"亲密接触，其实是一种矫情的自欺。我们很难想象独栋住宅的屋主与地面上的噪声、气味和灰尘亲密接触，是否比他所认为的因为更为贫穷而住在良好规划和设备完善的高层住宅小区的同事们生活得更为安宁和康健，这着实值得怀疑。在我看来，公寓楼适合的最佳高度纯粹是经济上的问题，不幸的是，这一解决方案由于缺乏实际的实验，在方方面面还无法加以澄清。

高层公寓楼设计规范的系统精耕细作，比如电梯和装置，建设成本将随着楼层数量的增加而相应增加，尤其是所需电梯数量的增加，但是同时，街道和公共设施的花费也将由此减少。经济上的权宜限制，由高度来界定，这胜过了建设成本上的增长，而不再需要节省基地和道路的需求去补偿。人们总能找到最经济的建筑高度；它取决于每个特定案例中的土地成本。

土地使用 ▬▬ 这就引出了土地使用的问题，我以下所讨论的，是以德国的条件作为基础的。普遍的情况是怎样的呢？

迄今为止，每一项建造规范都试图改善人口密集区域居民的健康条件，已经远远胜过了它此前的规范。但是，即使是最新的规范，也带着投机和公共权威之间相互斗争的戳记，而不是以卓有远见的社会理想为依据提供对私人利益而言的系统抑制物，而这种基于健康居住条件的理想根植于适当的生物学前提。即使当下的建造规范也未能提供足够的可能性，将自然带到高密度区域居民的家门口。19世纪晚期那些可怕的天井公寓经由战后统一的建造规范已经汰劣留良了，它们被围绕着内部庭院的城市街区单元所取代，在今天这是通行的方法。但是这一建设类型仍然有日照和通风不足的重大缺点。围合式的城市街区在所有边上都填满了，导致了不适宜的朝向，为了更多数量的公寓，就势必有北向的暴露面，同样，转角位置的解决方案，处于阴影下的公寓，也无法令人心满意足，由此就忽略了重要的健康要求。无论如何，这种建筑规范有必要更新，特别是分区法规。法规上的变化主要是强调以平行行列式取代围合公寓街区。这种组团为基地提供了颇为可观的优势，最近也被越来越多地采用。公寓街区的行列式比原有的围合街区有更多的优势，如所有公寓的均好性，面向阳光的有利朝向，街区也不会被横向的体块阻碍通风，而且也去除了堵上角落的公寓。这样的平行行列也能更容易地将高速路、居住区街道、步行街道等进行系统分离，至少在成本上低于围合的建设。这种方式提供了更好的照明和安静的环境中，还能在不降低土地使用效率的同时，降低道路建设与公用设施的成本。这样一来总体的分配相当功能化，从而改善卫生、经济和交通条件 (图40)。[1]

如果新立法能强化对人口密度的限制而不是房屋的限高，那么这些优势可以进一步得到相当大的提升，也就是说，要控制住宅面积或建筑体积与建筑用地的比率。我所做的对比研究显示，**当楼层数量增加之后，卫生和经济条件在很多方面变得更有促进作用，而且高层公寓区由此优于传统的三层、四层或者五层的不带电梯公寓，后者街区之间的停车带不够用，窗前间距不足。**在我的比较中，我预设了平行公寓楼的正面必须在 12 月 21 日太阳达到最低点的那天有两个小时的日照。

图 40 |
街区划分的新旧方法对比

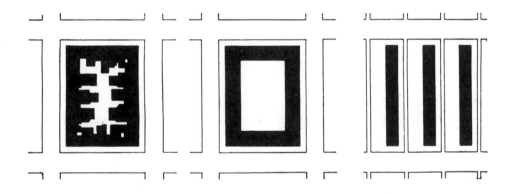

1__ 与第一次在城市住宅新分布领域进行的相当严格的实验相比，我们今天已经发展到一个更非正统和多样化的公寓街区组合。普遍的看法是，为了避免单调的规律性，有时必须牺牲最佳朝向。

海利根塔尔［Heiligenthal］认为，这将引出一个经验法则，当建筑为南北走向时，两个平行建筑之间的距离必须为建筑高度的 1 倍到 1.5 倍；当建筑为东西走向时，间距必须为建筑高度的 2 倍或 1.5 倍；当建筑为对角朝向时，间距必须为建筑高度的 2 倍。这种法则显示出在土地利用的效率上，南北朝向是最合适的。此外，北欧的大多数住宅规划最合适的朝向是露出东西两个方向的山墙面。基于这些实际情况，我对一个场地上南北朝向的平行街区做了对比性的研究，该街区为交替建造的二层到十层建筑，由此我推论出以下规则，可以用来支持我对人口密度法规的修改建议 (图39)。

1. 假定基地的大小和太阳光的摄入角（30°）是给定的，也就是说，在给定的照明条件下，户数随着楼层数量的增加而增加。

2. 假定太阳光入射角是给定的，并将给定数量的户数（每户 15 平方米）分布到不同楼层的平行公寓中，所需基地面积随着楼层数的增加而减少。

3. 假定基地大小和户数是给定的，楼层数不同，阳光射入角度随着楼层数的增加而减小，也就是说，增加高度改善了照明的条件。

对于给定的基地利用率和给定的居住面积或户数，十层公寓之间的距离几乎是经验法则规定的最小距离的 2 倍，这样做并没有任何经济损失。这是一项惊人的收获。由此，现行立法对建筑限高，而不是对居住面积或建筑体量进行限制，这是荒唐无稽的，剥夺了公众这些明显的经济和卫生优势。在十层或者十二层的高层公寓里，哪怕底层的居住者也都能看到太阳。而不是只有 20 米宽的草坪条带，窗前面朝 100 米宽的带树木的景观，虽然这可以帮助净化空气，同时也给孩子们提供了操场。在这里，自然融入城市，并为城市提供了新的魅力；如果所有的屋顶都可以做成花园，以前很少有这种做法，那么城市居民就成功地收复了住宅建造时失去的土地。**大城市必须自己的权益；它需要自身的发展，一种适应自己生活的住宅类型，以最小化的交通和维护需要，提供最多的空气、阳光和植被**。高层公寓能够满足这些要求，因此在住房政策上推广它是最为迫在眉睫的任务。

高层公寓楼的利弊 ▬ 人们仍旧存在着某种担忧：在住宅和地面之间缺乏直接的连接。电梯的安全性必须充分提高，这样的话孩子可以安全地使用，这与其说是技术上的问题，不如说是经济上的问题。人们常常将对高层建筑的偏见归咎于看管孩子的困难。今天的幼儿园仍然无法解决这种问题。然而，管理良好、卫生良好的幼儿园（大多方便地坐落在平行建筑之间的景观地带）和婴儿托儿所（坐落在屋顶花园），应当成为适用的解决方案。孩子们自己经常会反对团队组织，但是必须记住，学校和医院也会遭到相同的反对。然而，城市家庭的社会化正在不可逆转地发展，高层公寓的民主本性和集中化服务的家庭的民主本性将适应于这种趋向。想要与世隔绝的个人需求，经常成为反对高层建筑的理由，但不应当高估这一点。最好的办法就是满足需求，每个成年人都应当有他自己的房间，尽管可能很小，但他可以在里面休息。各个家庭之间的相互合作可以带来很多可能性，在高层公寓比独栋住宅更容易实现这些可能性。而且只有公寓可以通过其集中化的服务设施，使个人使用者从最为沉闷乏味和消耗时间的大部分家庭杂务中解脱出来。从国家经济的角度来看，这些也是重要的，因为他们节省了大量的物质和时间。在现代产业工人的家庭中，超负荷的家庭妇女不再需要搬着炭上楼，不再需要照料炉子来取暖和烧水，这难道无足轻重吗？服务中心比她自己更有效率地处理了她的家务劳动，这难道微不足道吗？电冰箱、吸尘器、机械通风机、集中式厨房设备的出现，甚至公共娱乐室、运动设施和幼儿园也就指日可待了？这些便利的成本可以经济地由一栋高层公寓的许多家庭来分摊，它的目标是把节约的时间转化为对所有人而言最有价值的商品：创造性的休闲！

我相信高层公寓的理念到现在已经讲得相当明白了，对现代城市而言，它是必不可少的，这也已得到了证实，但是不能只靠理性去征服习惯，因为智性上的适应是不够的，只有实践可以战胜普遍的心态，我们必须在所有的国家为支持高层公寓的建设而战。第一批高层公寓应当为更年轻、位置更有利的家庭建造，这些家庭将会显示出测试的愿望，并且有助于发展这种新的生活方式。整个住宅工业将势必让人们确信，只有高层公寓能够确保城市人口的生活舒适的最大化，比如健康、可负担的交通成本等。

总结：

城市居民对住宅类型的选择，必须以实现其他所能达到的最大价值为目标。这种选择取决于他的爱好、职业和预算。住在带花园的住宅里，可以更为安静，更为与世隔绝，有更多的娱乐设施和活动空间，也更容易看管小孩。但在经济上这并不是最低限度的住宅，它的维护费更昂贵并且更消耗时间，它导致较长的通勤距离，而约束住了它的居住者。

公寓住宅则确保了短距离通勤，为家庭管理和休息提供了更为经济的集中式服务；由于与地面的垂向距离，它在照料孩子方面有些难处，但是它作为最低限度的住宅是经济的，并且可以加强社群精神。

不带电梯公寓的缺点是楼间距不够宽裕，没有充足的阳光，狭窄的公园带和不充足的户外空间。而另一方面，高层公寓有着更好的通风、更充足的阳光和更多的分隔，提供了最大限度的宽阔的公园区域，更为重要的是，孩子们在那里可以满足打闹玩耍的需求。在集中式的服务成本分摊方面，它也是更为有利的。

公寓住宅的优势对健康的城市具有决定性的作用。

因此，独栋住宅并非灵丹妙药，其逻辑结果是将城市解体。**目标是分散而非解散城市**。通过使用我们所有的技术资源，并将地面和屋顶的所有可用空间完全地景化，城市和乡村的极端情况必然能缓解，以便让自然变成日常的体验，而不仅仅是周日放假之旅。

独栋住宅和高层公寓的建设必须同时发展，按实际需求来进行。在可能的情况下，独栋住宅为了保持低密度，可以在郊区采取一层或者两层的结构形式，而高层住宅应当具有经济性的高度，十层到十二层，并提供集中式的服务。它应当在其有效性得到证明的地方建造起来，特别是在高密度区域的区划中。

不带电梯的公寓既无法提供独栋住宅的优势，也不能提供高层公寓的优势，它在社会、心理、某些其他方面，甚至经济上都不如高层公寓。淘汰它们将是乐得见到的进步。最终，剩下的这两种住宅类型在未来各自相对的接受度，依赖社会和政治趋势的发展。

第12章

有机邻里规划 [1]

集成模式的缺乏 —— 随着机器时代的发展，旧有社群的以手工艺为特征的连续性和效率已迅速地土崩瓦解，崭新的社群肌理，应当适应于机器时代业已改变了的生活条件，但是由于缺乏良好的集成，它对促进真正的民主发展来说一无是处。

所谓的"社会"机体是一种不可分割的实体，当它的局部不能集成或者被忽视时，便不见成效；当它不再正常起作用时，它就会变得半死不活。

增长的社会冷漠 —— 如今，缺乏个性的城市管理部门，它庞大的规模已经超出了人的尺度。城市公民与他选的官员没有私人接触，他迫不得已降服于一个远距离的权力。其结果是，日益增长的社会冷漠导致社群关系的懈怠。不负责任和社会的孤独感正在蔓延。今天的艺术、科学和宗教是不相往来的一座座孤岛，一种新的综合必须再次制造出整体，现如今，这一整体是分崩离析、令人不快的。

1__ 参见"A Program for City Reconstruction"by W. Gropius & Martin Wagner, The Architectural Foprum, New York, July 1943. Rebuilding Our Communities by W. Gropius, Paul Theobald, Chicago, 1945. Organic Neighborhood Planning by W. Gropius, Housing and Town and Country Planning, Bulletin No. 2, United Nations Department of Social Affairs, Lake Success, New York, April 1949.

117

科学、艺术和哲学可以为新秩序提供要素。食物、休闲和自由可以为所有人享有，但是可行的协同和分配方法仍然有待人们去发现。只有生活在良好整合的邻里中，才能让当前的公民体验和学习互惠互利的民主程序。因此，健全的邻里单元是为改良人类关系和更高的生活标准种下的自然种子。他们有助于发展出对社群的忠诚感，这种忠诚体现在社会和公民进步的协调行动中。

这种宏大的目标不能仅仅借助所谓的好住宅去实现。住宅只是诸多社群功能之一，如果没有检视周围社群能力，去吸纳新居民区的能力，并在住宅、工作场所和游乐场地之间提供良性循环和恰当的关系，那也就无法相应地解决住房问题。此外，我们城市的特性和技艺将开始越来越多地吞噬我们的乡村区域，随之而来的是我们现代公民病秧子的萌芽：不负责任，社会接触的恶化，没有一以贯之或者特有形式的无序增长。作为必不可少的框架，对有机社群规划的全盘考量，必须先于任何住宅的开发。没有全盘考量，哪怕是新的住宅，也会迅速变成衰落的区域，从而变成负担繁重的浪费。

当地规划委员会所做的合理的社群规划，应成为任何住宅公众支持的先决条件。而且，当下非集中化的趋势必须加以仔细考察，以避免它倒退回分散和未经规划的住宅。

基本的社区模式 ▬ 良好规划的社群似乎首先要采取的重大步骤，是去激发社群居民的利益积极性和责任感，要让他能够积极地参与到当地的事务中去。为了实现这一目标，这一行政管理的社群框架必须变得人性化，也就是说降到人的尺度。应当以自给自足的独立的邻里单元作为独特的实体，要小到足以服务于复活社会交往的有机体。经过一代一代的尝试和错误之后，各地的建筑师和规划师都已认同在不远的将来采用以下基本的社群模式。

最小的自足的社群单元——作为城市和乡村地区的基础——应当是所谓的"邻里单元"，有五千至八千名居民，这样的人口数量足以确保一所小学的有效运作。

下一个较大的行政单元应当是城市中的行政区或乡村中的城镇，每个单元包含五到十个邻里单元——也就是说，从2.5万人到7.5万人——它的中心有一所高级中学。

最后是最大的单元，应该是整个的城市或者大都市，配备有最高等级的教育和娱乐设施。

每个自足的邻里单元应该有它独立的地方政府。

这种按比例缩减的政府机构将确保人民的意志对治理产生更为直接的影响，并将发展出一种社群精神。家庭、朋友和合作团队之间的关系在普遍的生活中将有更好的机会成为创造的元素。在这种单元协同生活中的直接参与将成为每个公民自然的职能，并且将保护他免于孤独和孤立。暂且不论很少部分的隐士，人是一种群居动物，他的成长一直以来由健全的社群生活来加速和改良。个体之间的相互影响之于心智发展是至关重要的，就如同食物之于身体那样。如果没有邻里接触，独自离群寡居的话，市民的头脑会迟钝，发育缓慢。

人类观点的视角 —— 依照人类尺度的本地行政治理，这样一种有机的社会结构的物理尺度也必须是人的：那就是，必须符合每天二十四小时的周期，因为决定基本尺度的是人，而不是机器。每天的通勤时间全部加起来应当不超过三十到四十分钟。邻里单元的规模——不管是乡村还是城市——应当限制在行人步行距离的范围之内，应当界定在人步行可达的当地生活空间的范围内。邻里单元中所有的活动和兴趣点应当最多在十或十五分钟的步行距离内。这将界定出它的面积，也就是大约半英里（约800米）或者更小半径的区域。

为了在其中形成良好的平衡，基本的单元需要为它的居民分出商业和工业的工作场所，同时还要有它自己的地方行政机构、购物中心以及教育、休闲和礼拜的设施。不能忘掉其中的任何一项，因为单靠房屋——仅仅是人的聚集——并不能创造出有组织的社群。然而，由于提供了公共设施，单元的每个部分可以在尺寸和区位上有良好的关联，居民将有很好的机会去改善社会联系，这是城市生活原本应当具有的理想前景。人民的社会主动权以及他们在组织自己生活上的运筹帷幄将在当地的水平层级上崛起，并逐步延伸到更为广阔的区域。

新的区域连接 —— 通过邻里的良好关系而产生的公民的兴趣和忠诚度，以及健康、竞争精神和在成就中获取的自豪感，在过去的工业剧变中失去的区域连接，将再一次发展出来。通过在邻里单元中改善社会特性，行为不端和犯罪也将减少，因为社会的病症已经找到，并非由于生物的或者心理的元素，甚至贫穷，而是源自缺乏社会团体的凝聚力和效力。因此，通过深谋远虑以及良好的统合环境的恰当规划，邻里单元有很好的机会去创建自己的认同，去保持并强化它，良好的社群规划并不能只靠它本身就创造出良好的邻里关系，但是它可以提供一种充满潜力的环境。

社会土壤的培养 —— 这样的说法有其合理的科学背景。两位英国的生物学家，斯科特·威廉姆森［Scott Williamson］博士和伊内斯·皮尔斯［Ines pearse］博士，在伦敦的佩卡姆［Peckham］健康中心做过一项特别的研究。他们从社会的最小单元着手研究社会的结构，这一最小单元不是个体，而是家庭。他们发现没有哪个地方的生物学家是这样研究健康问题的，因为一切都直接指向对病人的调研。因此，他们创建了一个平台，为普通家庭提供丰富多样的社会生活的可能性，提供给生物学家一种未被歪曲的视角，支持标准成长的元素。在经过特殊设计的像俱乐部那样的建筑中，有游泳池、快餐厅、护理室、健身房和娱乐室，在这里，上百个普通的伦敦家庭从他们过去的社交隔离中解脱出来。去除专家的意见，所有主动权都来自这些家庭的社交活动，并不强迫他们进行任何活动，而是通过适当的建筑物类型提供丰富的机会。对成员仅有的要求就是定期安排健康检查。

他们的实验记录表明，"健康的增长和传播并非通过治疗疾病，并非通过预防疾病，也主要不是通过任何对身体或社会疾病纠正的形式，而是通过培养社会土壤"。

根据他们的研究，如果给健康一个传播的机会，它也会像疾病那样"感染"。而且他们发现一个社群并不能仅仅靠为了便于维护某些隐秘目的的人的积累而形成，就像连接起一个大型工业厂房的住宅计划。相反，它是自然的、功能化的社会组织的结果。当它成长时，它根据生物学规律决定自己的骨架和心理。由此，社群是社会主体的特殊"组织"，由活着的和成长的细胞形成——各个家庭将这一群体组构起来。

社群的有机体核心，为了丰富多彩的生活去协调潜能，它是邻里的市民中心，从这里扩展出社会的动脉，决定了整个群体的特性和力量。起初，这样一个中心需要一个会议大厅和一些会议室，而且最好能与学校连在一起发展。在这里，人们可以通过与各年龄段的接触来指导他们的日常生活，并在管理和文化活动中产生影响力。作为社会核心，市民中心引导和鼓舞集中式群体的努力，同时通过积极参与，让每个个体在社群中实现完完全全的量体裁衣。

社群中心的优先性 ▬ 这些小型社群中心对群体的人类发展而言是如此至关重要的工具，应该让它们优先于任何其他的修复方案，甚至超越住宅的优先性。它们好比一座工厂的发电站，能够为群体的重要的动脉产生电流。

每个社群的改善都可以通过在规划程序中采取有机序列来加快进程，也就是通过创造两个必要的先决条件：设置新的邻里单元，在城市或者乡村，以及它的边界，每个单元有自己独立的地方政府；在每个单元的中心位置，建立小型的社群中心，最好能与学校建筑连在一起。这将建立具有直接政治意义的健全的、人性化的框架。

社群规划的程序和顺序 ▬ 我们应当采用怎样的程序和顺序去中断我们城市的恶

120

性循环？因为他们需要从拥堵和"高血压"中解脱出来，我们应当首先分析出那些不能永久地在城市就业的人，提供给他们新的安置，同时还包括一些更小的产业，在乡村中建造出邻里单元。我想强调的是，这种政策需要将濒危的生产和购买力从城市的伤心地转移到合理的新地区。在那里，相比于老城区所需要的为昂贵的土地支付清除贫民窟以及非生产性的救济费用来说，陷入困境的工人可以用非常低的成本重回生产。这种闲散劳动力的转移将减少老城市的病症，改善它的循环，开启重新焕发活力的再创造的空间。

开放的空间由此就在城市中恢复了，可以用来设置必要的公共设施和公园区域，可以用来作为交通动脉的基础网络，连接邻里区域和市民中心。摆脱沉重的负担之后，垂死的城市重新开放的区域成为整个区域有机社会结构的组成部分，恢复它应有的功能。当然，这样的发展需要时日。

从开放的乡村中的邻里单元规划——重建进程中的初始步骤——我们应当能够汇集足够的经验去掌握更加困难的第二步，如何从旧有的城市中发展出新的社群结构。

可行的重建过程建议 ___ [1]

1. 地段及街区的重建尚未成功。彻底的"平方英里"重建已经变得势在必行，因为我们已经意识到村镇与它所在地域之间的相互的关系。

2. 此前的建议，诸如"城市美化"以及其他画布上的方案已经被证明是不够完善的。首先应当通过筹备法规的、财务的和行政文件开启行动，能够让规划者去构想并做出可靠的总体规划。

3. 工作场所以及它们与生活场所的关系应当成为所有重建工作的重中之重。

4. 首要的是，所有现有的城市应当让那些非永久就业的人从拥堵和高压中解脱出来。将他们重新安置在新城镇的小型工业中，这些人可以重新恢复他们的生产能力和购买力。

5. 新镇应当沿着高速公路布置，由快速支路与旧城中心连接起来。

6. 新镇的规模应当以徒步的范围加以限定，维持在人的尺度内。

1__ 参见 "A Program for City Reconstruction" by W. Gropius & Martin Wagner, The Architectural Forum, July 1943.

7. 城镇必须有自己的农业区。

8. 投机往往会导致破坏和倒退，因此，社群应当拥有土地。就算房屋可以是自有的，但是住宅用地应当是租用的。

9. 镇一级的行政设置应当采取自足的、地方自治的形式，这可以加强社群精神。

10. 从五到十——或者更多——邻里乡镇可以合并为一个县，由一个行政机关管理单个单元以外的活动。它的规模和行政设置也应作为一种模式，提供给需要旧城镇改造的基本邻里单元。

11. 建议镇一级的规模保持稳定。因此在这一边界内的灵活性必须以住宅设施的灵活性去实现。

12. 在新的乡镇安置闲散劳动力时，必须同时进行第二步。通过旧城的社群征用土地。因为只有汇集土地的进程完成后，才能重新分配土地，最终的城市重建就游刃有余了。

上面大体勾勒出的基本框架将构成建造城镇的模式的合理基础，从社会的角度，以及经济和文化的视角来看，这种模式符合 20 世纪这一机械时代。■

第13章

"核心"（社群中心）的难题 [1]

我确信，社群中心的建设远比住宅本身更为紧迫，因为这样的中心代表了文化孵化的基地，可以让个体实现他在这一社群中完整的形象。

事实上是什么构成了社群中心（即"核心"），对这样一个问题，在不同的国家里，根据他们传袭下来的多种多样的习惯和传统、他们技术发展阶段，以及他们能够从其中找到自身的本性所属，已经找到了不同的回答。比如拉丁国家，从他们早先的历史中发展出了界定得非常清晰的广场，在那里，他们的社群生活集中在一起并找到了自己的表达，而相比之下，在盎格鲁 - 撒克逊文明中较少会采用这样的公共空间，反倒更偏好以个体的家作为聚会场地，用作大部分的社会交往。

当然，其中的原因可以部分地归结于不同的气候条件，但并不尽然。当人们试图给出新的解决方案时，必须仔细考察地域的偏好和那些不可估量的因素，而且在很多情况下，有必要首先重新唤醒对社群中心的需求，因为它们已经在人们的视线中消失了，甚至人们都已经记不起它们对个体和公共生活的巨大优势了。

此前，在历史上更多安稳的时代，这种公共中心的成长，要么是通过公共需要自

1__ 参见 CIAM, The Heart of the City, Pellegrini & Cudahy, New York, 1952.

然生长的，要么由当权者发布法令，但他们从来没有像当下这样被忽视，尤其是在那些位于工业和技术发展前沿的国家。当我们为每个家庭配备了各种能想象得到的便利设施时，我们却忽略了公共聚会场所的优势。我们放弃了我们的街道和公共场所，几乎将它们完全交给了汽车，而人行道被逼迫着倒退成了狭窄步道，失去了自己正常的方式。重要的邻里接触是古老城镇凝聚力的基础，已经被这种车行交通的爆破性力量撕扯开来。重要的是，我们应当重建我们社群的公共中心，在那里，人们不会受到交通的干扰，可以在中立的氛围中交往，不受私人住宅的影响，社群的精神能够找到它自己的公共表达。

可以称得上最为著名的美丽核心的案例就是威尼斯的圣马可广场，几个世纪以来它作为容器能够十足有效地为社群提供公共生活 (图41)。它在教堂中传达了上帝的伟大，在宫殿中传达了总督的权力，而塔则是它的标志物，海员们从海上就可以看到它。但最为重要的是，它是人们的大会客厅，城镇的公共舞台，用于节庆、游行和宗教仪式。当我们看到纽约联合国大楼前的现代广场时，我们发现人们很难将这里当作社群中心，它更像是通往入口的纪念性路径。纽约的洛克菲勒中心提供了一个小型的社群中心，促进人与人之间的交流，但是它的价值被呼啸而过的交通削弱了。为行人设置现代城市的广场，似乎比以往更有必要，在人与人的日常接触与交流中，培育了草根民众的民主化。

为什么有的城镇或城市中的核心能够因为舒适而吸引我们，而有的却不能呢？尺度上的复杂问题是这个问题的根基。一个好的解决方案取决于它能否从周边建筑的高度和广场的尺度中取得和谐的关系。广场的实际尺寸应该只能勉强容纳高峰时段的活动。如果它太大的话，看起来就显得空旷，也许就无法提供感染人们的氛围和活力，而这种氛围和活力对它的成功而言是必不可少的。庞大的，未切分的开放空间并不能激励人，只会让大部分人更加恐慌。

我已经发现，如果在开放空间和周边建筑群之间创造出和谐，这样一种良好平衡的组合甚至还可以吸纳不和谐的细节。在老城区的核心那里，我们也能发现相当不同的单体建筑的建造时间常常隔着好几个世纪，也会有不同的风格，但并排在一起，作为有机总体的一部分也是全然和谐的。然而，这种和谐并不是所谓"匹配"过程的结果，加入已有老建筑中的新建筑设计，总是被构想成为更大的整体的一部分，必须和谐地融入其中，但是可以采用当代的表达方式，而无须借用过去时代的风格母题 (图42)。

图 41 |
威尼斯的圣马可广场

图 42 |
纽约的大街
各种风格、形式、颜色乱糟糟

社群中心的规划不可避免会引发一个问题，即这样的建筑是否应该有所谓"纪念性"的表达。如何界定纪念性的争论，以及纪念碑是否人类所谓"永恒"的需要，这明显是由所有我们传承的价值转化而来的严峻的戏剧性变化所造成的，是我们的这一代人所要面对的。不用去理会那种模仿折中主义的伪纪念碑主义，就像一个飞轮那样，它们的动力失去之后就会缓慢地停下来。"纪念碑"这个词公认的意义是一种巨大尺度的纪念性，象征着某些值得纪念的事情——宗教信仰、重要事件、伟大人物、社会成就。**除了尺度之外，我们应该重点强调纪念碑的精神意义，强调艺术上的构想和宏伟壮观，强调能够激发想象的无形内涵。**像过去那样以静态的形式象征，重新恢复纪念性的表达，这种理念对创造出我们这个时代的心智而言是比较古怪的。此前的那些时代里，纪念碑是世界静态概念的象征物，而今，换成了有崭新的相对价值的象征物。因此，我相信与纪念性等效的表达在为社会民主生活的更高形式中，将沿着崭新的物质模式的方向，发展出一种模式，通过它可适应性的持续增长和改变，赋予其特征。我可以举一个更具体的案例加以说明：美国田纳西流域的发展计划，代表了崭新的集体努力，以有机性地改善社群的整体结构与行政管理，我相信，比起帝国大厦的壮观尺度，对那种只不过靠便利的手段就能实现的体量象征来说，这将为走向我们时代的纪念性表达作出更多的贡献，激发起更多的公民自尊和忠诚。

　　但是，日益发展的文化，超越实用主义一面的更高层级的精神追求，值得建筑师和艺术家用可见的方式去阐释，而这只能缓慢地、无意识地发展起来。"时间就是金钱"这一盛行的哲学将屈从于人类更高的文明，接着夺回"纪念性"就水到渠成了。但是，它不再会回到"凝固的音乐"那种静态的象征，取而代之的是，它将成为我们整个人工环境内在的品质。

第14章

住宅产业 [1]

　　人类，毋庸置疑与生俱来就有健全和充分的能力去建造自己的住宅，但是天然的惰性和对传统的眷恋，阻碍着自己的进展。世界性的事件引发的紧缩，现如今正迫使着政府，同样也迫使着个人去克服这种惰性。通过适应已经改变了的世界状况，人们终于开始尝试实现建造比以往更物美价廉、更好、更多的典型住宅的旧有理念，以便为每个家庭提供健康生活的基础。一般说来，人们还没有找到真正适应现代状况的解决方案，这只是因为诸如此类的住宅设计问题还从来没有从社会性、经济性、技术和形式等方面加以全盘处置。我们从头开始，必须综合考量这些要素，以更大尺度为基础，并在此之上去加以解决。所有之前有争议的尝试，在人工替代材料以及经济建设措施的问题上，在农业或者审美的考虑上，统统都陷入了僵局。然而，一旦人们能够清楚地认识到影响住宅设计问题应当预设的要求的总体范围，并将它精确地勾勒出来，那么实现上的战术问题就可以简化为方法和大尺度管理的问题了。

1__ 参见 Bauhausbücher, Vol. 3, Ein Versuchshaus des Bauhauses, Albert Langen Verlag, München, 1924. 尽管这篇文章写于三十年前，但是我还是把它收录在此书中。因为在预制上有过更为详尽的实际经验之后，我仍旧认为这篇文章从根本上还是有效的。

"我们想要怎样的活法？"这一用来对我们时代的精神和物质可能性的普遍适用的结果展开反思的普遍理念，还没有得到清晰的概述。我们的住宅建筑杂乱无章，缺乏统一性，证明了为现代人提供适当住宅的普遍概念仍旧模糊不清。

每个个体的住宅应当完全与另外一个人的不同，难道这就是人类生活方式的回应吗？当世界各地都穿着相同的现代服装时，住宅却按照洛可可或者文艺复兴的风格布置，这难道不是一种知识上的窘迫和谬论思想的标志吗？过去三代取得的技术进步，已经超过了我们之前几千年的进步。我们把身体劳动力组织得越好，人类的精神就越能得到解放。也许在我们搬家时，也可以让我们带着舒适生活的全部便利之物，这样的全自动住宅不再是乌托邦。

让人安居是大众需求的问题。试想一下，谁会想着定制自己的鞋？相反，我们能购买那些可以满足绝大多数个体需要的库存产品，这归功于精细化的生产方法。与此类似的是，对未来的个体而言，能订购适合他目的的库存住宅，也完全是有可能的。对这种发展而言，现代技术或许已然成熟，但是今天的建筑行业仍然套用着手工艺的老方法，机器在其中扮演的只是从属的角色。因此，沿着工业路线对整个建筑业进行彻底改革，是绝对有必要的，可以给这一重要问题以现代的解决方案。必须同时从经济、技术与形式三个角度找到出路，这三项是相互依存的。只有在这三个领域同步进展，才能取得令人满意的结果，因为这涉及大量复杂问题。要超越个体的能力，而且只有通过联合大量专家共同努力才有望解决。

降低住宅建设成本对国家预算具有决定意义的重要性。引入更为严格的组织技术，来降低传统手工施工方式的成本，带来的只能是些许的进步，却没有切入这一问题的根本要害。另一方面，新的目标是通过大批量生产的方法来制造库存住宅，这些住宅不再在基地上建设，而是在特定的工厂以适合组装的部件或单元的形式生产。只要能够像机器生产那样在建造基地上装配房屋的预制组件，生产方法上的优势就会大幅度增长。这种干装配的方法，下面将详细讨论，它不仅可以解决由于潮湿造成的建筑物部件的扭曲和翘曲问题，还能减少砖石、灰浆、石膏这些建造房屋的传统工艺在干燥上所需的时间。这样就可以马上摆脱对天气和季节的依赖性。

只有将这种类型的工业化建造过程放在宽广的经济基础之上，它才是可以想象的。单个的个体承包商、工程师或建筑师都不可能单枪匹马地实现这样的建造技术。另一方面，人们发现，包括在单一所有权下所有独立分支机构的大型企业，在其他业务领域同样具有经济上的可行性。因此，首先必须动员大量感兴趣的人，然后才能组成消费组织和垂直企业，他们的财力将充分保证这一重大计划的实现。当然，这种工业化建设方法在经济上有巨大的优势。经验丰富的专家判断，预计可节省50%或者更多。这将意味着每个就业者都有能力为他的家人提供良好与健康的住宅，就像他现在买日常用品，这取决于世界工业的发展，比前一代人需要更低的成本。这些工业产品的成本可以逐步降低，因为蒸汽和电力逐步取代了手工劳动。在建筑工业上的成本降低，将同样取决于如何开发这种力量。

其他降低成本的重要方式要基于崭新的有远见的财政政策，应当有意识地避免于因交易中可有可无的非生产性中间商而导致的建设资金利率过高。

在采用决定性的初步组织步骤来解决工业大批量生产的问题之前，必须充分明确我们的居住需要，以便创建关于"我们想要怎样的活法"的普遍有效和精准的需要。作为结果，可以发现很多习惯是画蛇添足，而且是过时的。比如，为了增加房间舒适度而减小房间尺寸，应该不会有所损失。**特定国家的大多数公民都有相类似的居住和生活需要，因此很难理解为什么我们所建造的住宅就不能像我们的衣服、鞋子和汽车那样，展现出类似的一致性。**个体的合法需求因为所不喜欢的事物而受到压抑，这种危险应该不会超过时尚中出现的状况。

在郊区发展中，每栋房子并没有充分的理由要求有不同平面、不同风格和不同建造材料的外观；相反，这是暴发户式的浪费的和没品位的态度。举例来说，在整个欧洲，老农舍和18世纪一般公民的住宅一样，有着相似的平面布置和总体设计。然而过于严苛的标准化是一种危险，例如，像英国郊区的房子，对个体的压抑是非常短视和不明智的。住宅的设计必须恰如其分而又灵活多变地满足家庭规模或户主职业类型所产生的个人需求。**因此，组织必须首先将目标放在标准化和大规模生产上，不是整栋房子，而只是它们的组件，接着这些组件可以用来装配成多样的房屋类型，就像在现代机器设计中那样，某些国际化的标准部件可用于不同的机器。**生产的政策应该规定所有独立的部件都有库存，以便满足不同类型和尺寸的房屋建设的需要，并根据需要由不同的专业工厂订购到建造基地上。同时，为了不同布局和外观的住宅而做的场地测试的装配方案，可以向公众开放。因为所有标准化的机器生产出来的部件都可以精准地组装在一起，在基地上根据精确的装配平面将房屋建设起来，部分也可以用非技术工人，而且可以在任何气候和季节条件下，以最小限度劳动力快速地执行。最重要的是，这种方法一次性避免了许多令人难堪的意外和无法预测的危害，这些危害不可避免地与传统施工方法有关：将安装建筑元素的失败归咎于不精确的墙的尺寸或者是水分的影响，将不可预见的拼接归结于构造上的破坏，将时间和租赁的损失归结于在干化处理上的延误，以及由于匆忙设计定制的房屋平面造成的结果。取而代之的是，我们将享有多种机器制作的房屋组件部分的精确安装，有固定的价格，以及简短精准的预测和确保装配时间的房子。

经济和组织计划的实现首先是工程师的问题。此外，从他的观点来看，这项任务代表着不但与建造材料相关，而且还包括结构设计这些习俗发展而来的剧烈变化。今天绝大部分的建筑用的是旧有的天然建筑材料，用石头、砖与木建造的。大部分老房子的建造发生在建筑场地上，而必备的工具和机械运输到现场时会堵塞交通。可以说，与固定的工厂相比，这些移动的工厂必然是原始的。用传统方法建造建筑外壳让人们无法预估粗糙外壳干燥以及完成室内所需的时间，因为那取决于气候条件。试图完善这些传统建造方法的诸多尝试，比如扩大建筑模块，在基地引入更为高度标准化和高效的组织，无法取得显著的简化或者无法降低成本。因此，为了利用新的装配建筑方法的优势，工业必须采用与以前不同的建筑材料，那是更适用于机器加工的材料，而非未作处理的天然材料。在这方面，我们的目标不是替代性的创新，而是改进天然产品，以便获得绝对可靠的性能均质性（钢材、水泥合金、合成木材）。这一问题的标准化解决方案只有在房屋的建造中通过所有必要的预制结构组件，甚至包括墙、天花板与屋顶才能实现。

为此，房屋的结构设计也必须作出重大改变。要么生产的材料必须具有与传统砖石墙相同的结构和隔热性能，同时又能有更小的体积和重量，以便可以用来在楼层高度的大平板中装配；要么整个结构必须一方面由结构骨架构成，另一方面由非结构性的墙、屋面和天花板组成。这一类型的骨架可以是钢梁与柱，也可以是钢筋混凝土梁和支柱，联结不同的结构体系，类似于木框架结构。墙板、天花板、屋顶必须由标准板组成，它由耐候材料制成，尺寸稳定，但多孔、绝缘、结实而又轻质。这种性质的建筑板已经以浮石混凝土或石膏的传统板材的形式出现在市场上，但是涉及工业生产令人满意的墙、天花和屋顶板的问题，以及适合住宅的轻型骨架方面的问题，还有待经济性的解决方案。标准化和大批量生产的门、窗、楼梯、装饰部件、设备以及室内装修已经达到了一个更高层级的发展阶段，尽管手工劳动仍然在量上超过工业机器生产。从事铁路、船舶、汽车和飞机设计的工程师在建筑方法和材料的发展方面已经超过了建筑工程师，因为他已经完善了机械加工的、均匀的建筑材料（钢、铝、玻璃）的使用，以及由这些材料制成的机械制造结构组件的应用。因此他们的经验在住宅的批量生产方面价值千金。

崭新的建筑方法同样也应当得到艺术立场的认可。**那些认为建筑会因为住宅建设的工业化而倒退的说法是错误的，恰恰相反，建造元素的标准化将对新住宅和开发项目的统一特征形成有益的影响。**没有理由对英国郊区那样的单调感到恐惧，只要满足基本要求，标准化的只是建造的元素，然而，由这些元素组装而成的建筑外观将会不同。这些元素的形式完全由它们的目的和功能所决定。他们的"美"应该由良好的、精加工的材料和明晰简洁的设计来确保，而不是增添那些对它们的结构和物质的性能而言异样的装饰。这些建筑元素，这些大规模的"安装设备"，能否成功地组装成一个空间比例恰当的实际结构，这有赖于建筑师的创造天分。标准化的部件当然不能限制我们所有人期望的个体部署的多样性，在各个建筑中单个部件及相同材料的重现，将给我们带来节奏感和安抚之效。个人或民族的特性，仍有充分的自由用来表达自己，就像我们的服装那样，所有这一切都将在我们的时代留下烙印。

像房屋建设工业化这样规模庞大的计划，只能靠非同寻常的公众支持才能实施。这个问题对国家经济而言无比重要，无论是外行还是专业人员都必须着重要求政府在公共层面为解决方案的制定做好准备。国家和社会，作为主要的建设者，在经济上和文化上都必须为降低住宅建设成本去开发所有可能的方式。此前找到的出路，鼓励"代用"材料的使用以及建设上抄近路的方法无法实现这个目标。得到公众支持的实验性建造地基是必不可少的！任何通过工业化批量生产的物品都必须系统性地投入大量的初步测试，商人、工程师和艺术家在生产标准化的模型之前，都需要平等地参与；同样，标准化建造组件的生产，只有靠实业家、经济学家和艺术家之间的大规模联合才可能完成。这种被组织起来的团队工作，并不是创造代用品的方法，而是代表了真正的规划和经济上的远见。

显而易见的是，试点样板房的建设需要相当大的投资，好比在工业实验室里制造的模型作为大规模生产的消费品的基础。为这些试验筹措资金是消费者组织的任务，最终将通过实现节省而得到回报。这种组织主要的志趣在于创建实验机构，在那里，可以按照指导原则将所有先前的成就收集起来，以一种崭新的建筑原理去测试。可以肯定的是，对建筑行业如此激烈的调整也势必会逐步发生。不管针对这种发展会引发多少争议，它势必会出现。灵活而又标准化的大批量生产，将取代一直以来根据无数不相关的个体设计的手工建造，由这一大量住宅开发的事实所引发的材料、时间和劳动力上的巨大浪费，不可能再有任何理由为自己辩护。■■■■■■■■■■■

第15章

摆脱住宅乱局的方法[1]

合理化可以消除浪费，这一理念早已渗透在现代的生活之中，从社群到个体莫不如此。但是，我们切不可把合理化与创造利润的能力混为一谈，因为其中牵扯到的是全体人口的社会需求以及经济问题。

建造上的合理化应当指的是如何将形形色色的建造活动中原本各行其是的努力收集起来，汇总并统合于一体，由此得出能够涵盖整个建造领域的总规划。

想让创造性研究有所提升和改善，并行之有效，只有将现有的应用于建造过程的物质与精神装备系统地组织起来，使得它们相互间关联在一起。而现代建造在进展上的疲沓大多是由于缺乏统合造成的。

住宅，这一最为紧迫也最为复杂的建造问题，令人瞩目地道出了如下声明：今天，建造专业的主要任务，无论是从社会层面还是技术层面来看，都是强化合乎要求的服

1__ 参 见 "Toward a Living Architecture" by W. Gropius, American Architect & Architecture, New York, Feburary 1938. Memorandum for the House Committee Investigating National Defense Migration by W. Gropius & Martin Wagner, U. S. 77th Congress, 1st session, 1941, Vol. 17, pp. 6949-56.

务，以便供给社群充足的、体面的、新式的住宅。那些能够满足生活的物质与身心需要的房屋，它们建造的时间和材料必须尽可能地少，价格必须让普通人都能承担得起。可是市场上真的有这类住宅吗？不，并没有。尽管普通人能以收入承担得起的合理价格买来自己的食物、自己的服装，还有其他的日常用品，然而他能得到的唯一的住宅是老旧的房子，原本那是给更有钱的人造的，放到现在早已过时了。即便是政府支持的有公共补贴的住宅开发项目，租金也还是太高了，低收入阶层根本承担不起。

如果这种住宅的租金只需要承租人支付一半，却还是超出了最贫困的人所能承受的，那么可以说整个建造产业一定是出了问题。尽管普通人对住宅有着相当大的需求量，但市场对此并不热衷，其中的原因显然是它的售价和租金能给建造者和房东们带来的利润，远远赶不上所有其他产业的回报率。这一过程失去了活力的原因何在？为了重新平衡市场价格，提供充足的住宅，我们在经济结构中又必须作出哪些改变？

1928 年，我在美国找到一份图表 (图43)，就相当具有启示性，它大体比较了 1913 年到 1926 年住宅和汽车的价格走势。表明了这样一个值得注意的事实，住宅的平均花费增加一倍，而同期花在汽车上的费用却减少了一半。建造中牵扯到的手工活儿占了相当大的比例，由此随着劳动力成本的增长，价格也就升高了。另一方面，批量生产方法的改进大大降低了汽车的价格。为低收入阶层提供体面的住宅变得不切实际，而

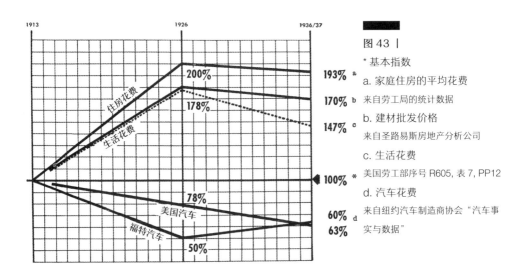

图 43 ｜

* 基本指数

a. 家庭住房的平均花费

来自劳工局的统计数据

b. 建材批发价格

来自圣路易斯房地产分析公司

c. 生活花费

美国劳工部序号 R605, 表 7, PP12

d. 汽车花费

来自纽约汽车制造商协会"汽车事实与数据"

汽车反倒成了每个人必备的工具。最近新完成的图表表明，自 1926 年以来，平均车价一直在稳步跌落，然而普通住宅的平均花费只是略有降幅而已。这份图表暴露出我们的建造方法远远落后于这个时代，已不适用于去解决问题。

建造是人类生产中最广泛的领域，也是最复杂的领域，它已无法赶上机器的发展，也是最后一个会被机器征服的领域。此外，在建筑行业中还没出现像其他产业那样的均衡组织，这个领域仍然与手工业和个体管理相关，它们被迫与工业的方法竞争，却已经输掉了此前的质量和效率。尽管越来越多房屋的组件常常可以由机器来制造，但是由于缺乏综合性从而阻碍了自身的进展，这个问题应当作为一个整体去加以攻克。因为它不仅仅是制造业本身的问题。当然，批量生产的方法最终必须渗透到建筑行业；但是在市场准备好大尺度的预制之前，经济结构中的深层变化是无法回避的。许多弊端已经证明，不可能有某一个人或者某一家公司凭一己之力，就像福特对汽车那样去完成如此庞大的任务。在此之后，走向预制的第一股热潮已经冷却下来。解决方案似乎是不言自明的，然而它深深地根植于我们的经济结构之中，整个共同体只有同时从所有的角度去攻坚才有可能驾驭这一难题。首要的就是统合的问题。如果能由最好的专家形成合作，针对建造活动的所有领域提出行动的综合方案，那么就可以赢得更多的时间。一份指导性的重点规划具有权威性的意义，它可以引导未来住宅的努力方向。曾经有许多才华横溢的个人成就，却由于各自为政，后继乏力，现如今已经一筹莫展了，必须将这些成就联合起来。

私人企业为了自身的生存而打拼，很显然注定会过于强调主观的利益。而公共机构可以更客观地调研所有类型的理念与发明，以及这些理念与发明为了共同利益产品的实践能力。只有靠那些不受任何政治干扰或者私人干预的技术方法，才可能提升到更高的层级。

应当创办一个"综合建造的机构"，在这样一个机构中，联邦、国家和市政的权威部门应当联合建筑师、工程师、承包商、制造商、房地产经纪人、银行家和工会会员，让这些人作为顾问，为满足住宅的紧迫需求制定出最终的解决方案。不管是公共的还是私人的，只要是现有的研究建造领域的机构都应当协同合作，交换他们各自的经验和成果，同时加深对相关问题与难点的认识。这一机构制定的关键计划包括提升社会标准、降低住房价格，以及根据工作场所的变化确保住宅的流动性等所有方面。首要考量的事项所涉如下。

通过洲际立法来规范区域规划，比如分区条例。

促进有限期内的住宅用地租赁。

筹备预制和住宅服务新理念的市场投资（更少的摊销和更低的利润）。

改进建筑法规，以适应新的建造技术。

研究适用于社会与经济的住宅类型。

研究住宅组件适用的标准尺寸，这些组件在不同类型的住宅都可以通用。

研究实际的预制化，包括机械制造的单元，比如厨房、浴室、取暖，空调等。

精简办事处与基地现场的建造组织。

在这些不同的领域中，已经有相当多的才华横溢的尝试，只不过他们各自为政，所以非常需要这样一种运作良好的有机组织，将这些尝试都转化成为其中的一部分。创办一个综合的机构，这样的倡议可以填补其间的隔阂，但是由于牵扯到如此之多的组织工作，所以必须防止官样文章，去守护这一合理化的理念，而这一理念只有一个目标，那就是推动创造性的进程。

这样一个机构的花销应当由政府承担，用这种集中和整合的方式，可以让整个国家在住宅上节约花销。相较于可预期的结余，之前的这点投入也就无足轻重了。花在住宅上的钱可以增加一倍的效用，并将社会福利的关键问题带向最终的解决方案，同时还能加强私人的主动性和提高就业的人数。

第四部分

总体建筑观

第 16 章　总体建筑观 ●

第16章

总体建筑观 [1]

科学的世纪 ▃▃ 我曾试着为自己归纳总结过我所亲历的这个时代究竟发生了怎样的变化。这些变化既发生在物质的世界中，又发生在精神的世界里。当我还只是个孩子的时候，我们家住在城市公寓，屋里就有燃气喷嘴，每个房间，包括浴室里都配备了独用的燃煤壁炉，每个周六都能洗上热水澡，但是得先花两个小时加热。那时还没有轨道电车，没有汽车，也没有飞机，更不用说收音机、电影、留声机、X射线、电话，这些都还闻所未闻。

盛行于18、19世纪的精神氛围或多或少仍旧保持着某种静态的特质，围绕着在那时看起来还不可动摇的永恒真理原地打转。然而之后这类概念便渐行渐远，其去势竟是那般迅猛，换作一个不断嬗变的世界，一个现象彼此相互依赖的世界。而时间与空间已然成为同一宇宙力量的系数。

最近这半个世纪以来，工业发展带来了巨大的改变，已经摧枯拉朽地转换了人们

1__ 参见 Architecture and Design in the Age of Science by W. Gropius, The Spiral Press, New York, 1952. Rebuilding Our Communities by W. Gropius, Paul Theobald, Chicago, 1945. Faith in Planning by W. Gropius, Planning 1952, American Society of Planning Officials, Chicago.

的生活，所有的这些改变加在一起，比耶稣基督诞生以来全部的世纪里发生过的还要多得多。由此也就无须多怪这一发展的超人速度所带来的变力，与人类心中天然的惯性所能承受的似乎已不再合拍，也超出了我们所能适应的极限。

每个思虑着当代的人，现如今都在开动心思，试着勾勒出我们这一惊人的科学进程的终极价值有可能是什么？我们为那些用来提高运输速度的新技术与新发明欢呼，那么之后我们拿节省下来的时间做了什么呢？用来思忖我们的存在吗？没有，我们反倒被卷入了一股洪流之中，在这股更加狂躁亢奋的洪流中，向那条错误的口号投降，所谓：时间就是金钱。显然，我们需要澄清的是，我们的精神与智识的目标到底是什么？

前些时候，我读了一篇列夫·托尔斯泰的文章，他在文章里责难科学几乎染指了每一件事情。在他看来，人类不可能做到事无巨细，想要在同一时间推进上百个各不相同的方向，只会将我们自己撕扯成碎片，除非我们能够找出我们最想要的，并将它当作我们至高无上的工作目的。当然，托尔斯泰那时想到的是宗教能够给出最终的方向，毫无疑问地确立了什么应该是第一位的，之后其他的每件事情都能各安其位了。那么，如果最终的方向并不是宗教，又会是什么呢？自托尔斯泰的时代以来，科学已经走过了漫长的道路，很多人也已经开始真诚地信仰科学，认定它可以成为最终的仲裁者，像宗教那样审判善恶。即便我们应该相信这一点，我们也仍然必须对想让哪个科学概念自由发挥作出自己的决断，因为如果同时运用它们，可能很容易会导致彼此的灭绝，真到了那个时候，我们就是失败者。

战略目标 ▂▂ 因此，在我们这样一个工业文明时代的文化与政治语境之中，我试图为我自己的专业，建筑学，勾勒出一个潜在的战略目标。首先我尝试给出一个定义：**好的规划，我认为它既是一门科学，也是一门艺术。作为一门科学，它分析人的各种关系；作为一门艺术，它将人的各种活动协调成一个文化综合体。**我想特别强调的是规划作为艺术的这一面。我相信，其中蕴含着可预期的创造潜力，为我们数不胜数却又各自孤立的努力带来意义和方向。

科学的快速发展已经急剧地切断了我们所熟悉的生存模式，这方面的事实我们说得已经太多了，说得再多，除了给我们留下一些未了的结局之外，也就再无其他了。人们以无休无止的好奇心，学着用科学主义者的解剖刀去剖析自己的世界，却在这一过程中失去了自身的平衡，以及统合的感受。我们这样一个科学的时代，走向了专门化的极端，很显然这已经阻碍了我们将复杂的生活当作一体去看待。通常意义上的从业人士，被那些扑面而来的多种多样的难题驱散了注意力，为了缓解通常的那些责任带来的压力，他只是从某个特定领域中挑出严格限定的单一责任，而拒绝回应超出这一领域所发生的任何事情。这种语境的普遍解体已然开始，导致的结果自然只能是塌缩的生活，东零西落的生活。就像爱因斯坦曾经说过的那样："方式完美，目的混乱，似乎正是我们这一时代的特征。"

重新统合的任务 ▬ 但还是有些迹象表明，我们正在慢慢地摆脱过度专业化以及由此带来的对社会关联而言危机四伏的原子效应。如果稍稍打量一下当下文明的精神视野，我们不难观察到，许许多多的理念与发现都与再次发现宇宙现象之间的联系有关，迄今为止，科学家们只是在脱离相邻领域的情况下看待这些现象。医学正在基于身心的方法去处理疾病，承认心灵与身体彼此相互依存。物理学家对物质与能量的一体性有了新的认识。艺术家也已学着用惰性的材料去视觉化地表达新的维度——时间与动态。那么我们是否已经在通往综合的愿景中，重新获得我们已经分裂的世界的统一性？在这项重新统合的巨大任务面前，规划师与建筑师不得不起到相当大的作用。他必须接受良好的训练，永远不要失去总体的视野，哪怕为此他必须吸收并综合无限丰富的专业知识。他必须理解土地、自然、人以及自己的艺术，将它们当作一体去理解。在这个机械化的社会里，我们应当满怀激情地强调，既然归根结底这还是人的世界，那么所有规划的关注焦点必须是身处在自然环境中的人。我们已经过分地放任机器，放任我们这个最新的宠物，已经到了我们失去真正的价值尺度的地步。因此，我们必须考察究竟是什么造就了人与人之间，以及人与自然之间真正有价值的关系，而不是屈服于特定利益的压力，屈服于那些只想把机械化本身当作目的的目光短浅者的压力。

我们是在为谁造房子？人民，毫无疑问，包括每个人。如果我们忽略了其中任何一部分，就会危害到我们整个社会的功能。我们现下共同体的弊病，正是我们没能将人之基本需求置于经济与工业的需要之上而导致的可悲结果。

"复合"心智 ▬ 如果我们直面这一规划战略目标的繁杂，它确实包括人类文明生活的所有主要方面：土地、森林、水、城市和乡村，以及它们的命运；通过生物学、社会学和心理学掌握的人类知识；法律、政府，以及经济、艺术、建筑与工程。所有这些都是互为依存的，因此我们也就不能将它们分开来考虑。**毋庸置疑，它们与文化实体的联系，比起那些为了有限的目标找到更好的解决方案，对规划和住宅的成功更为重要。**如果我们赞同这一等级顺序，那么接下来就应当超越那些特定的专家，他们回避对整体的责任，把自己的头脑划分成封闭隔绝的区段。我们必须将重点放在持续的交互检验与平衡的过程上，并由此发展出所谓的"复合"心智，在所有那些冗长乏味的、艰苦勤勉的步步为营充斥于他的日常生活时，至关重要的责任就是在自己的头脑中坚定不移地保持更为宽泛的战略目标，换言之，使分段规划成为总体的一部分。

个体自由与集体行动 ▬ 对于那些身处于极权统治国家中的人而言，这种同时追求个体自由与集体行动的理念，看上去也许是互不相容的。他们不相信批量生产的产品及法律的秩序框架与多样的形式和思想相结合能够行之有效。民主承认人类精神的自主性，任何创建共同目标、共同特征、法律或规章的尝试，都将尊重个人的多样性放于首位。政府对人民事务的干预并不意味着对个体主义的破坏，而是作为维护个体主义的手段。与这种姿态恰恰相反的是，我们今天所见的那些正发生在独裁政体下的组织与规划，只以其自身为目标。人隐匿不见了，个体的天分在次一级的办事机关的迷宫之中瘫痪了，只得遵从自我指派的独裁权威的意志。这种场面只会反过来强化我们的信仰，真正意义上的民主政府必须成为人民的仆人。由此，规划应该从地上生长出来，而不是来自自上而下的力量，理念付诸实践，并不经由官僚的指令，而是通过个体将主动性投入行动。民主表现为一种扩散的离心力。而封建的或者专制的体系恰恰相反，是一种向心力，它是阻碍自然生长的束缚。从反民主的力量中释放出来的这种危险，伴随着其传播与宣传网络的不断扩张，毫无疑问正在我们逐渐收缩的世界中滋长起来；哪怕这些帷幕只不过是虚幻的，也已经让所有人都成了"邻人"。

缺乏道德倡议 ▬ 但是我们不应当只从破坏性的那一面去看待危险。我相信必须以更为积极的态度努力去保持创造性的冲动与影响，去对抗民主社会中那些机械化的与过度组织化的消极影响。我们高压的、按钮式的文明正在施加着它自身所有的恐怖。看起来它在追求幸福的路上，却并不适合高度民主目标的生活。我们显然还没能找到让众人齐心协力的纽带，用来帮助我们创建出文化的"分母"，让它足够强大，发展成为可以辨识出来的表达形式，那既是物质的也是精神的表达形式。这种科学与进步的崩解已经让个体困惑和焦躁，无法调适自己，并时常缺乏道德倡议，为此饱受煎熬。我们推出盖洛普民意测验，但那完全是一种机械的概念，我们依赖的只是数量而不是质量，仰仗的只是记忆而不是理念，我们屈从于权宜之计，而不是去形成一种崭新的坚定信仰。

艺术家：全人的原型 ▬ 那么，针对这种趋势我们还有没有解毒剂呢？当然，我们这个社会已经意识到了科学家在救赎社会上的根本价值。然而我们对具有创造性的艺术家在控制和塑造我们的环境时所能起到的至关重要的作用知之甚少。与机械化的过程恰恰相反，真正意义上的艺术家的创作包含着不带偏见的探索，那是对象征生活共同现象的表达形式的探索。这要求他对整个生命进程具备独立的、无拘无束的视野。而他的创作对推动真正的民主而言是最为根本的，那是因为艺术家就是"全人"的原型；他的自由，他的独立，相对而言是完好无损的。对过度的机械化而言，他的直觉品质就应当是解毒剂，以便重新平衡我们的生活，并且赋予机器的冲击以人性化。但不幸的是，艺术家被人们遗忘了，甚至招致奚落。人们一提起艺术家，就想当然地把他们看作社会上多余的成员。**而我所相信的恰恰相反，我们的社会走上了错误的道路，急需艺术的参与，艺术本质上是科学的对应物，以此阻止科学施加在我们身上的原子效应。**

检视一下我们自己的经历就不难发现，冷冰冰的科学事实只有在孤立的案例中才有可能凭借它的一己之力，激发人们的想象，让他们变得愿意将各自所珍爱的个人抱负置于共同的事业中。如果我们想要唤起热忱的、具有感染力的回应，扫除现如今还拦在通往好的规划与住宅道路上的一切障碍，就必须触动比分析性信息所能做到的更为深层的共鸣。尽管科学的进步已经带给我们物质上的充裕与生理上的福祉，但它还很难成熟到可以创制出形式。由此我们发现只靠物质生产的八小时工作制仍旧无法满足我们的情感需求。无法让心灵的活力焕发出来，正是我们不能总让璀璨的科学与技术成就得到体现的原因，也是为什么原本应当浮出水面的文化模式直到现在还没能露脸。

因此，我确信具有创造性的设计师所能作出的贡献将是必不可少的，他的艺术可以更为充分地实现规划中的视觉方面和满足人的吁求。没有艺术家参与，任何过往的社会都不会产生文化的表达；只靠智性的进程或者政治的行动，是无法解决社会问题的。我曾提到过要以普及的教育去恢复已然在理解和创造形式中失去了的品质，这一点是非常有必要的。

想一下过往文化的城市与乡村中所显现的那些从根本上无法衡量的事物，尽管从实际使用的观点来看它们已经被丢到了一边，但是直到今天，它们仍然具备足以从情感上打动我们的力量。在我们当下共同体的概念中，这种无法衡量的特质已然消失，换言之，这是一种秩序与精神的统合，这种统合在空间与体量上永远是意味深长的可见的表现。

缺乏回应的观众 ▬▬ 一个小孩，一个在所谓的主街上长大的小孩，他能培养出寻找美的习惯吗？他从来就没遇见过，甚至也无从知道自己要什么，因为他从一开始就已经被现代推销术杂乱无章的颜色、形状和噪声狂轰滥炸到木头木脑，始终处于一种感官麻木的状态，最终成了那种顽固不化的公民，甚至不知道自己就身处于一个毫无创造力的环境之中。尽管不完全如此，但不难想见的是，从这样一种背景中出来的潜在的建筑客户，在他想要给他的周遭事物赋予形式时，多半很少能激发自己去创造，而是选择模棱两可的或者粗制滥造的赝品。

想要将所谓的主街转化成美的生活模式，只靠我们那些华丽实用的新工具是办不到的，除非可以把它交到有创造力的手中，除非心智上的态度改变带来科学与艺术的融合。但是，我们可以从哪一点开始去达到这一点呢？因为我们需要的不仅是有创造力的艺术家，还需要能够对此作出回应的观众，那么我们怎样才能达到这一点呢？只有靠缓慢的教育过程，从幼儿时期开始就提供全面的体验。简言之，这也就意味着我们必须从幼儿园就开始让孩子们在游戏中重塑他们眼前的环境。因为规划中的重点就是参与，它增强了个人的责任感，这是创造一种共同体的连贯性、推进群体的愿景并为这种自我创制出来的环境感到自豪的首要因素。**这种教育理念将书本上的知识放到恰当的位置，只将其当作行动中的经验的辅助之用，而凭借行动本身可以形成建构的态度和思维的习惯。**如果一个公民在年轻的时候接触过这样一种教育实践，将规划看作每个人都应当关注的事务，那么他之后得到的任何信息都将扎进肥沃的土壤中。

规划者从自己日常工作中会得出这样的经验，而公众对良好规划所带来的可预期的巨大利益仍旧懵懵懂懂。一般的公民大多会在政府机构给出方向时，将它看作对自己自由的干预。这就要求规划者具备最高层级的心理能力，有必要不断地提醒他为什么公共规划是对他最有益处的。"基础政治"的系统心理训练应当使得规划专业学生去理解人类行为的因果关系。应当教导他如何让自己的实践具有思想上的说服力，充满信念、机智老练、不厌其烦，还能理解他人的思想和立场，这些都是规划极有效的工具。应该让他的心智具有更大的灵活度，那是一种警觉的摔跤手式的弹性，时刻准备着调整，去适应意料之外的情境。除了让他学会必要的知识与技术之外，还应该满足学生形成某种确定态度的需要。

今天我们仍然时常会遇到一种根深蒂固的倾向，闪躲回避规划和住宅这些更大尺度的概念，取而代之的是不相干的零打碎敲的改进。要改变这种倾向，只有靠成长中的共同体精神才有可能，要在各级教学层面上细致地培育，直到它成为每个人潜意识中的态度，而且最终或许会形成某种连锁反应，有利于解决我们集体的任务。

需要：生活中的实验 ▬ 我在这里提出的这种教育框架所具有的品质，也有利于推进真正的团队合作。我们每个人能掌握的只不过是非常狭窄范围内的知识，而随着我们有形知识的视野越来越宽广，这样的团队合作在未来自然也越来越有所发展。对于一个人来说，这项任务太庞大了，是不可能独立完成的。我们差不多用了 25 年，对这一理念展开了相当有价值的研究和构想，现在似乎迫切需要的是行动上的团队合作。尽管这些年累积起来的对共同体生活的理论思考的成果也算丰富，但还是很难对"生活中的实验"提出崭新的理解。果敢地开始，并且不带任何偏见地看待新的实践中的实验，除此之外，没有其他的路可以推动进展。立竿见影地建立共同体的样板，接着系统地考察他们的生活价值。如果团队由最能干的规划师与建筑师组建，并能够接受委托去设计并建造全新的共同体样板，那么社会学者、经济学者、科学家和艺术家将获得多么丰富的新信息。这种信息还将提供宝贵的准备资料，用来解决修复我们业已存在的共同体时遇到的复杂问题。在我们创造这样的生活实验室之前，必须先行扫除的障碍，不出意料会是政治上的和法务上的。如果没有正式被接受的法律文本，那么一个又一个的社群总体规划将会变成一厢情愿的象征，受尽挫折的象征。

我还建议在这些样板单元中检验一个备受争议的问题，那就是如何确保更多的行政决策力量能下沉到本地层级的自我控制的小单元中。因为能够用来给公民直接参与社群管理创造条件的任何办法，对达成有机解决方案而言都是必不可少的。

游牧的趋势 ▬ 我记得在国际现代建筑协会的一次会议中，欧洲建筑师们曾经提出过这样的问题：机器出现之前，在欧洲占主导地位的是那种紧密交织的城镇，美国能否在现代基础上像那样创造出健全的共同体生活的模式？有人认为，从美国人口的游牧倾向就可以预见，那只不过是权宜之举。而且所有本地的风味喜好都会被大量追逐美元的首鼠两端之人破坏掉。而一位在场的美国规划师[1] 讲述了自己的亲身经历，回应了这一挑战。他举家搬去了一直吸引着他的佛蒙特州。他认为自己挑了一个最具佛蒙特风味的城镇，结果经过一番调研之后，发现这里大部分的人就像他自己那样出

1__ 马丁·梅尔森［Martin Meyerson］，宾夕法尼亚大学城市规划助理教授。

生并成长在别的地方，却挑选了佛蒙特州作为他们最想居住的地方。他们出于偏好吸收着当地的风采，已经到了令人惊讶的程度。他觉得年轻的美国人并不像欧洲人好几个世纪以来所做的那样，安身在他们父母和祖父母居住的城镇，如果强迫他们这样做，他们通常会对此相当鄙夷不屑。但是如果能给他们机会到处走走，看看尽可能多的地方，他们最终会选一个永久定居的地方，这里由于各种原因吸引着他们。相比于那些从没有出去折腾的人来说，他通常会变成一个更具协同性和进取心的公民。现在，让我们将未来的公民想象成那样一种人，他愿意为那个他出于偶然定居下来的地方，而不是一个最容易开始和最容易有所得的地方作出贡献，那么我们也许就能为这个国家的这一令人困惑的场面找到背后原因，为什么这里居然有那么多的公民，不管是出于自愿还是不自觉，会迁居到别处。

为这种发展助力，我们必须构想出某种当代共同体的特性，激发起它对这些公民的影响力，让来这里定居的人们能立马从旁观者变成参与者。这一令人向往的趋势可以从夺回行人专用道路开始，打响第一场战役。众所周知，公民现在既是司机也是行人；然而当我们所做的每件事都是为了汽车和它的司机时，在建造庞大的汽车交通网络的过程中，行人却被推到了墙边，这一交通网络已经摧毁了我们的社区。我相信，现在同样有必要，甚至更有必要，除了与汽车道分离以保护行人之外，还应当创建出独立的步行交通网络。这种叠合的行人道模式，不是一串主街，而是从美丽的小广场开始和结束，这里禁止汽车驶入，是单元的核心区域，它要成为本地的中心，在这里人们交换对于公共事务的意见，参与共同体的事务。在这里，从商务到休闲的日常社交，从本地八卦到世界新闻，草根政治成长起来。这样一种人性尺度的小广场，自有其中心化的社会意图，将带给居民归属感和自豪感。在此他可以分担责任，可以尽责选举，可以充满兴致地参与社群的规划，而这正是规划者的未来行动所迫切需要的 (图44a、图44b)。对现代社群的核心而言，这是一种热切的恳请，对推进民主进程而言，这是一种必不可少的配备。

城市中人的尺度 ▬ 我之所以如此强调小型自治单元要有社群中心，是因为在这里人们能获得崭新的经验，尽管只是小尺度的，但也将给更大的城市甚至大都市的复杂问题投去新的曙光。这将有助于在大任务上的人性化。因为大城市的难题，当然不只是建造一座新的市民中心或者一堆零零散散的住宅。显而易见，将一项完整的大任务分解开来，并不能把它们僵硬的身体再次转化成健康的有机体。我们都知道在它们

图 44a |

彼得·勃鲁盖尔,村庄广场

街道与广场仍旧适合整个社群的交往活动

图 44b |

但是,现在的人行道上发生了什么?

拥塞的地方正渴望着开放的空间，渴望自然、光和空气，市民们渴望身份得到认同，而同样，城市自身在面对个人入侵时也需要受到保护。我并不旨在详细地阐述实现这一目标的社会、政治和经济上的工作程序和实施方式。但是我希望在大都会这个层面上也同样能够强化更为体系化的研究的必要意义。我们如何才能在社会层面与物质层面从城市中夺回已完全被摧毁的人的尺度？研究必须先于必要的行动。通过规划师和建筑师，人们可以将这种鲜活的城市有机组织的发展引向一条迈往更好的文明形式的道路，只要它的社会功能建立在此前研究结果的基础上，并被新的立法所认可。而现有的法规大多过于陈腐老旧，已无法满足 20 世纪的城市生活，大部分国家也还做不到去强调整个共同体的有机组织，去强调它的语境，而不是彼此分离的部分。

只有住宅还不够 ▄ 如果试着去评估近二十年来在住宅和有机共同体建设方面已取得的成果，那么我们可以有把握地宣称，在一些国家，就宜居性和标准水平而言，独栋住宅或公寓的规划和建造已经取得了长足的进步，但是人们还是很难将这些看作所谓的"发展"，因为这种发展要求我们作为一个真正的共同体，在它自身内部取得平衡。开发项目所能展现的通常只是在街道与住宅的品质上的累加，并不具备那种社群的特性。应当不只是将其视为住宅的方案，而是将其转化成可预想的限制在合理尺度上的有机组织。也许可以创造出舒适的独栋住宅，而且时常也能表现出令人钦佩的经济成就，但是城镇的布局常常只是无数住宅组成的单调而又缺乏想象力的行列式聚集。这就失去了那种激励，那种或许能够从创造性的美好设计中而来的，从赋予生命以深层价值的全面概念中获得的无形资产，而过往已经给过我们那些统一体的杰出案例。

关于当代住宅本身的概念，我们必须首先检查自己对这个问题所涉及的人和心理的因素，以及其不断变化的方方面面的态度。只有对家庭生活的生理和心理需求有深刻理解的成熟心灵，才能构想出生活的保护层，它卓有成效，而不昂贵，它美观，而且如此灵活，足以适应家庭成长的各个阶段一直处于变化中的生命周期。

我们的栖所 ▄ 然而，规划师和建筑师最大的责任，我相信就是去保护并发展我们的栖所。在地球上，人类已经进化出与自然的相互关系，但是人类改变地球表面的力量已经增长得非常可怕，这或许会变成一种诅咒，而不是祝福。我们怎么能承受一大片美丽的土地为了顺利建设而被推土机夷为平地，然后被开发商填满成百上千个无趣的小房子单元，那些单元永远也不会变成社群，而且还加上几十根电线杆，替代了被没头没脑砍掉的树？那些本地的植被和自然的不规则地形由于人们的疏忽大意、贪得无厌或缺乏理念而遭到摧毁，就是因为一般意义上的开发商首先将土地看作市场上的商品，由此出发，他觉得自己有资格从中攫取最大利润。**这种致命的恶化还会持续下去，除非我们以几乎虔诚之心去热爱土地，去尊重土地。**

　　环绕着我们的人工地景是一种广泛的空间组构，由空间与体量组织而成。这种体量或许是房子，或许是桥，或许是树，或许是山。每一种存在着的可见的地貌，不管是自然的还是人工的，集合在一起，巨大的组构形成了视觉上的效果。即使是最实用的建造问题，诸如高速公路的位置或者桥梁的类型，对于我们周围可见实体的综合平衡而言，也是同等重要的。为了我们最为珍贵的领地，我们自然的栖所，为了那些可以满足生活新方式的情感来源，我们生活着的空间的美丽富足，除了具有创造性的规划师和建筑师之外，还能有谁是更合法的、更负责任的监护人？在我们让生活陷入的这种忙乱仓促中，我们所有的人似乎最需要的是一种无处不在的再生资源，它只能是大自然本身。城市的居住者似乎只有待在树下时，才能修复他糟糕的心灵，才能发现暂时停下创造之后的祈福。

　　我已经得出了结论，那就是一位实至名归的建筑师或者规划师，必须具备极其广泛和综合的视野，在真正的意义上去整合未来的社群。我们或许可以称之为"全面建筑"。为了履行这一全面的职责，他需要有恋人般的热情，以及与他人合作的谦逊意愿，因为即使他自己再怎样了不得，也不可能只凭一己之力去完成。我们如此渴求的地域建筑表现上的亲密关联，我相信这一点尤其仰赖于团队工作的创造性发展。摒弃对"风格"的病态猎取，我们早已着手去共同发展能够反映 20 世纪人们生活新方式的态度与原则。**我们已经开始理解，设计我们的物质环境，它并不意味着运用一套固着的审美，而是一种持续的内在成长，一种为人类服务而不断地重新创造真理的信仰。**━━━━━━

一场事先张扬的论辩

这篇译后记希望不只是对格罗皮乌斯的这本文集做一些必要的背景补充和理论引申，也想要说明这部在包豪斯关闭三十多年后出版的文集，何以构成"重访包豪斯"研究计划的关键环节。整个研究计划筹谋于翻译之前，我们不妨将落在这里的文字看作这一计划的阶段小结，研究转折点上的一次重申。在丛书总序的结尾处，我们将当代历史条件看作如何"超越建筑与城市"，这里的 Beyond Architecture and Urbanism 不只是对 BAUHAUS（包豪斯）中的核心理念词 **BAU** 的另类解释或文字游戏，它是通往"建造"行动新的可能性条件。新的"建造"超出人们所要处理的直接对象，由此应当回溯现代主义以来"建筑师"主体的形成，连同它不断反复出现的重构过程。所以在计划初始，我们就不得不将包豪斯研究从设计史与艺术史的规定中解脱出来，把其中的个体当作独特的思想者来考量。如果一个个体能够从他所经历的专业知识出发，更为全面地认识社会，那么他自然可以为自己重新划定所谓的学科视野，即使从外部的视角来看，这一学科的边界似乎依旧与从前有所重合，依旧是个闭环，然而，这一重新划定的视野事实上已然是交叠而开放的了。那张借以考察一切事物的心智底图，经过擦写、重构，回归到一种生成状态。这在内外冲突、矛盾丛生的包豪斯发展时期，尤是如此。

我们无须事先把包豪斯看作它身处的历史中的一个特例，然而作为理念，它又的确不同于其他的先锋派别，包豪斯并非某种特定思想的反映。作为一所学校，它也不同于其他限定在既有专业的教学机构，包豪斯并非某种特定组织的结果，它是众多实践者共同的产物。如果我们在计划中还能将它作为思想史的一部分，那是因为按照格罗皮乌斯的愿景，去成为现代视觉环境的缔造者，这一志业本身就是一种理念，一种由实践和思想共同构成的理念。不过在现实的运行中，只要有理念，就有理念之争，只要形成某种组织方式，就需要寻求组织与理念的阶段性统一。在包豪斯那里，这种统一先"统一"在了1923年的声明"艺术与技术，新统一"之中。这句口号出自格罗皮乌斯，相当知名，却又十分笼统，随着包豪斯之后从魏玛迁往德绍，这句口号既是总结，也是开端，实际上还是对当时组织中诸多争议的搁置。对包豪斯接受史稍有了解的人不难发现，格罗皮乌斯的历史角色，受其作为现代主义人物典范形象的影响，在近半个世纪持续地遭到贬抑。而在整个"重访包豪斯"计划中，格罗皮乌斯之所以重新成为一个重要的环节，不只因为他是包豪斯第一任校长，更因为他是其中绝对无法回避，却又总是处于被动的关键人物。一方面他的诸多决断，在他撰写本书系列文章的时段，已然为战后新的现实环境的成形提供了足够动力，但是另一方面，尤其在思想层面，却受到了来自各方面的阻击，无论当时，还是当下，都需要不断地予以回应。"艺术与技术，新统一"这句看似消除了包豪斯内在特殊性与差异性的"统一"口号，在其他的包豪斯人物那里或许并算不得什么，但是对格罗皮乌斯而言，它确实构成了首当其冲的难题。重要原因在于每当人们回溯历史，已经很难将格罗皮乌斯的生命经历与包豪斯的历史分割开来。这与他自己不遗余力地推而广之脱不了干系，即使这种推广常常以某种自我否定的面貌出现，但还是会令人质疑他的各种主张。在《总体建筑观》的多篇文章中，我们都可以看到格罗皮乌斯反复表达自己是如何想要摆脱这类质疑，"每每如此，我就会涌起一股强烈的冲动，恨不能抖脱掉那些越来越硬的板壳，让世人再看一看这个被裹在标牌里的人"（详见本书"导言"）。事实上，人们从字面上想要读懂这本出版于20世纪60年代的文集并没有太大难度，如果想要从中提炼出他的主要观点也很容易，更何况格罗皮乌斯自己已经在书中用着重提示词句的方式做好了这部分工作。但是，只要稍微了解一些以格罗皮乌斯等人为代表的那一代建筑师们的际遇，以及之后不久的变化，尤其是那些逐渐兴起的新思潮和社会运动，我们就不能只把这些文章当作他倡导的一项尚未完全实现或者说已然无法实现的构划。对于当下而言，更有可能带来益处和启发的是将整本书看作为后来将要发生的论战而做的一场事先张扬的论辩。

从行文方式来看，《总体建筑观》大概未曾想过创建一整套周全的体系，格罗皮乌斯总是让"建造"这一难题在不同条件下成为能够激发出新问题的中介。整本文集所呈现的是格罗皮乌斯在不同的历史条件、地理环境和社会政治因素影响下的写作，在每篇文章的题注中都详细标明了它们各自发表的时间与出处，能够将这些文章连接起来的并不是具体的主张或者风格旨趣，而是对"建造"这一根本问题不断进行历史化的意识，从艺术的审美到设计的科学，从建造的奠基到城市的共同体，从欧洲大陆的状况再到美国的时局。反过来说，不同时期的读者也能围绕这些根本问题在当下的条件中给出回应，将他"基本的经验和潜在的方法传递下去"，而不是从当年的论述和作品中"探听一些底细和窍门"（详见本书第 1 章"出路"）。在学科与社会历史两种不同的写作路径中，格罗皮乌斯或许可以被看作一个特定的人物，在诸多先锋派运动的人物中，他所具有的反转性恰恰在于，他并不想突出个性，却被当作某种个体神话，他追寻的是共通的基准，却在日后被看作某种特定的形式，他寻求技术与艺术的统合，后人看到的却是过度凭由科技发展来主导文化。然而，格罗皮乌斯更为看重的是广义建造者之间的联合，实际上从社会组织的层面已经暗含了对科学主义、技术主义、个体主义的深刻批判。格罗皮乌斯在同时期先锋派运动中的特定性在于，他所要处理的真正难点并不在于难题本身，不在于比如怎样提炼普遍性，怎样展开并守护共同体，怎样赋予时代共性以绝对的表达，等等。因为类似这样的问题，在格罗皮乌斯那里，对应着他不同的身份，会形成不同的提问方法，也就有着不同的显现方式。

格罗皮乌斯撰文讲话不少，但是著书并不多，他所处理的难题究竟是什么，我们可以通过事后对他种种身份的确认重新解析出来。格罗皮乌斯毫无疑问是一位建筑师，而从开办包豪斯到他在哈佛大学的教育改革，也让他毋庸置疑成为一位教育家，甚至很多人认为，相较而言他作为教育家要胜过建筑师。但是不止于此，格罗皮乌斯凭借着他自身对时代的宏观诊断和他尚未实现的构划，又超出一般意义上的教育者身份，也可被看作一位社会活动家，试图改造社会的行动者。根据这些身份的两两重叠交织，以此为路径，人们大体可以辨认出他所要处理的难题，或者说根本问题的各个层级。《总体建筑观》作为一份事先张扬的论辩，或许能帮助我们在更为广阔的历史与地理的视野和学科再生的视野中，去把握这一事后困陷在神化与污名化双重作用中的历史性实践，当然，还有它的现实意义。

整部文集打乱了文章的写作时序，从重新排篇布局的章节中，我们不难看出格罗皮乌斯无论出于哪种身份都一直保持着与 1935 年出版过的专著《新建筑与包豪斯》类同的框架，同时也保留了推进整体构想的路径。首先是从教育入手，经由建筑师的当代任务，再到城市规划与住房问题，最终，在这本文集中扩展落实到与书同名的"总体建筑观"。事实上，在其中几篇不同标题的文章内部，格罗皮乌斯的写作也同样遵循相近的推进过程。与之相伴而生的，是他所述的要义与写作年代业已发生的重大变迁之间的更为深层的关联。从此书中最早成文的一篇，写于 1924 年的第 14 章"住宅产业"，到最晚发表的一篇，写于 1954 年的第 8 章"建筑师：服务者？或领导者？"，期间所跨越的正是从城市中的现代建筑发端，经由建筑走向都会，走向国家，乃至国际与全球的转化阶段。但在格罗皮乌斯看来，丝毫不影响这些文章对时代变迁的持续应对，正如他在第 14 章的题注中写到的那样，一篇写于三十年前的文章在"有过更为详尽的实际经验之后……从根本上还是有效的"。格罗皮乌斯在写作时，还没有遭遇冷战之后全球资本主义到新自由主义的泛滥，当我们回看他对身处时代的诊断时，不能仅从当前状况设定的判断框架，简单地否定这些文字中包含的变化和稳定的双向过程。不妨将这一系列实践思想，嵌入资本主义世界体系与民族国家世界体系的形成这一更为长周期的进程中，或许可以通过这种放大的考察视野，帮助我们发现格罗皮乌斯在何种意义上成为不同历史地理条件之间的关联者。

首先我们要面对的是作为建筑师的格罗皮乌斯，这是最易着手也是界限最为确定的起点。这样一位建筑师谈论现实社会情境中的政治与时代所要建构的社会愿景之间的关系，谈论作为知识分子的建筑师在其中所能起到的作用，并抛出了他的问题式"建筑师：服务者？或领导者？"作为建筑师的格罗皮乌斯以对现实政治避而不谈的方式，运用不完全等同于他的前辈们那种审美救赎的态度，以某种否定性的创建表达了在资本主义历史发展过程中，经历脑体分工之后的知识分子应当去争取的力量，也就是**在无所不能与无能为力之间的摆荡力量**，并以此教导他的学生在离开学校之后，要怎样才能维持并积蓄这种力量。如果换作另外一种表述方式，那就是不管怎样，这种无所不能与无能为力并存的现象是由人类这一历史阶段自我异化所导致的阶级社会的浮现。不同之处在于有一部分人，也就是有产阶级在这种自我异化中感到自在，感到获得了肯定；他们认识到异化是自己的工具，通过异化得以拥有作为人的存在表象。然而另一面，那些无产阶级觉得自己被这种异化所摧毁，并在其中看到了自己的无能为力和非人存在的现实。在格罗皮乌斯看来，似乎只有深切地感受并掌握这种摆荡的力量，而不是提出直接的政治主张，才更具有超越性。正如同处在魏玛共和时期的法兰克福学派的领路人霍克海默指出的那样，这种超越性的力量所能带来的领导作用，与个体或者集体的工人意识都不同，这一实质上的混合体所要维护的是个体性——不只是工人的个体性，还有知识分子的个体性。在无产阶级这个概念中，已预先包含了这一将要形成的群体，他们的社会主义任务不仅要超越资本主义中工人们竞争的经济利益，而且还要超越资产阶级社会中的民主，迎头直击自由主义的界限。只有完成这项任务，无产阶级才能成为"自为"的阶级，换言之，这是一条走向"废除自己"的道路，无产阶级成为克服由资本主义构建出来的"社会"概念及其运作机制的否定状况。这种政治，不是直接在现实处境中以一个群体取代另一个群体，它是一种手段，使现有的资本主义运作成为政治问题的手段。由此反观格罗皮乌斯在第 16 章"总体建筑观"中提及的全人原型，不再指向传统意义上的全能之人，而是关乎总体建筑中新的合作者的形成。这种新的可以平衡人们的生活的合作者，在格罗皮乌斯那里就是新的建筑师，后来他将其统称为艺术家。顺着文集提供的思想引线，我们不妨将总体建筑观理解成，由格罗皮乌斯推崇的这种全人的典范所观照的广泛联合的建造活动，"对整个生命进程具备独立的、无拘无束的视野"，用他的创作从根本上"推动真正的民主……以此阻止科学施加在人们身上的原子效应。"

如果我们将这种全人的原型看作否定的条件，看作使现行的资本主义成为政治问题的手段，那么，随着时代的自我调整与矛盾化解，广义的建造又将如何处理设计活动从其内部跨越到外部关联领域的可能？在建筑历史学家塔夫里那里，这是现代主义运动以来建筑学总问题式与此前的断裂点，它与生产方式和经济价值的评估联系在一起，构成了建筑学论述问题的新走向。而在建筑师格罗皮乌斯那里，广义建造则构成了第 10 章所述的内容，由现代都市状况带来的前提，具体时代的阶段任务就是"城市工业人口最低限度住宅的社会学前提"。我们可以将前文所述的资本主义与民族国家双重世界体系看作这两种分别来自创作者和批判者的认识的共同基础，它也与格罗皮乌斯那一代建筑师们的危机有着紧密联系的更为宽泛的背景，是格罗皮乌斯能够提出总体建筑观的真正意义上的广义背景。这一延续至今的背景正是使得格罗皮乌斯这部文集中的诸多论辩依然有效的条件。

然而现实中对"总体建筑观",尤其是对其中的"总体"的质疑不仅声势浩大、连绵不绝,而且听起来往往相当合理。它们大体显示在两条轨迹上。其一,在20世纪60年代至80年代,带有现代主义烙印的总体观遭遇到后现代思潮的攻击,"68年运动"之后,后现代思潮开启了自我修复,从原本既非开创也非反抗的现代审美救赎阶段一跃进入了身份政治的诸多化身中。而另一条轨迹从1968年之后,朝向1989—1992年的东欧剧变延伸,那是计划经济体系的瓦解,是更为长远的历史趋势的自我颠覆。两条轨迹的合流意味着资本主义与社会主义这一以意识形态阵营为表象的"冷战"对抗的破灭,由此导致的是新自由主义的重启,人们迎来的是持续的由民族国家的政府相互竞争形成的全球化,由政府倡导并担保的市场无政府化。这可能是格罗皮乌斯那一代人未曾料想到的历史进程。包豪斯所尝试的各种努力在这一看似激烈却仍不足以完全摆脱双重世界体系的进程中——消解,而伴随这种消解到来的困境是,大部分的设计活动如果仅仅依赖自身内部的批判,已不足以投射外部社会的命题了。

大时代的消解作用已然发生,建筑师曾经被给予的坚实轮廓也随之熔融。具体到格罗皮乌斯而言,人们会发现仅仅将他把握为建筑师的困难越来越大,倒不如把社会活动偏向的建筑师翻转成为建造偏向的社会活动者,由此重新审视"总体建筑观",它究竟是目标,还是手段?是作为行动的结果,还是行动的条件?按照格罗皮乌斯的推断,建造的共同基准并非一蹴而就,更为重要的是,借助他对不同历史时期的总结,这种基准也不会是恒定不变的,而且共同基准永远不能成为某种配方,更不能直接兑现为艺术。格罗皮乌斯提醒我们,艺术与技术这一新统一并不是简化的双向聚拢式的闭环模型,而是主动的挑战,正如他在1923年的包豪斯大展声明中所说的那样,技术通常并不需要艺术,反之则不同,艺术更需要技术,比如建筑。他更为看重的是这种实践中的主动效用:每个人进入社会政治经济的方式,以及走出既有学科的方法。这是他在第1章"出路"与第3章"存在设计科学吗?"中强调并以他自己的方式深入探究的问题。如果我们仅仅从格罗皮乌斯早期的文字来看,也许会觉察出某种隐含的判断,或者说他的言外之意也就是"新的统一"理应体现在新的建筑上。然而结合《总体建筑观》另一些章节段落来看,新的建造所依据的并不只是专业化建筑设计中的各类技术组合,而是可以勾连起所有人的共通的视觉经验及其生理与心理问题,格罗皮乌斯将之称为"设计的科学"。在他那里，这才是完整的以有形实现无形的机制，是某种可以相互合作的演示者的行动。正是这种合作的演示者，他在第 5 章"评价现代建筑的发展"中所列举的那些同时代分头做出了贡献的现实中的建筑师，为这一首要的普遍理解提供了先决条件。

　　如果能从这样的条件机制反观整个建造活动，也就瓦解了通常建筑学院所关注的"建筑物"这一活动的结果。包豪斯理念，至少在它早先的魏玛时期，包含造人与造物的双重目标，创建新型的共同体和塑造总体的视觉环境，两种取向互为中介，又相互制衡。在这里，建筑物所包含的是一系列的生成事件与社群实践。尽管那时候的格罗皮乌斯还没有明确提出后来的"总体建筑观"，但包豪斯已然自行成长为一所历史上从未有过的广义的建造学园。从克利与施莱默的草图中保留的"舞台与建筑"双核心结构，到 1923 年的以 BAU（建造）为中心支点的教学组织图，包豪斯的教学已经确定无疑地指向更为广义的建造，不仅超越了建筑物范畴，也超越了物质化的城市空间系统。按照格罗皮乌斯的运作方式，以广义建造为支点，必然以抽空此前的建筑之所是为代价。换言之，只有用建造去抽空建筑的物化内核，十四年的包豪斯才能被看作一所"建筑"的学校，尽管在它的成果中建筑创作只占了相当小的比例。在这里，我们还可以改写一下法兰克福学派阿多诺那句"奥斯维辛之后，写诗是野蛮的"名言，以此说明摆在格罗皮乌斯那一代建筑师们眼前的困境：豪斯曼之后，建造是野蛮的。由豪斯曼主导的针对巴黎改造的庞大计划，相较于那栋建于 1851 年世博会的标志性建筑"水晶宫"，对现代人类社会的时空经验和技术体验的转化意义更为深远。如果我们再改写一下阿多诺那句名言通常会被人忽视的后话，那就是：不建造，是更野蛮的。而包豪斯的教学结构恰恰是在这样的双重否定中形成的，离心与向心运动同步发生，以建造为核心的教学在无能为力与无所不能之间往复摆荡，试图抽空建筑物概念所形成的稳固支点，也正是因此，格罗皮乌斯事实上已经将历史上的包豪斯和作为理念的包豪斯注定的失败包含在其构划之中。

现在，让我们回到作为教育家的格罗皮乌斯个体所亲历的不同文化情境，这位有着强烈社会活动偏向的教育家在疾风骤雨的政治现实中，如何保持自我的决断。这涉及格罗皮乌斯在第 1 章"出路"中写下的初到哈佛大学时的期许，和第 6 章"考古学？当代房屋的建筑学？"在遇到具体项目问题时的感受、坚持与判断，以及在第 16 章"总体建筑观"中，他在美国遭遇诸多群体意识之后对共同体的构成所做的相应调整。历史现实中的包豪斯与理念中的包豪斯在《总体建筑观》中不断得到重新统合，格罗皮乌斯调整着自己的思想进路，以此应对新的社会现实。我们不妨称之为格罗皮乌斯的第三个"包豪斯"，那就是包豪斯以来的理念与实践。但是不管怎样，他大概也感到有责任回应曾经的现实问题：那所被永久关闭却身负盛名的包豪斯学校，是否足以支撑起某种持久不衰的理念？如果包豪斯足以作为某种理念而存在，那么这一理念在当下又能够带来怎样的可能性？很多人知道，不论此前在包豪斯还是后来在哈佛大学，如何组织建筑教学，在格罗皮乌斯那里都成了最为艰难和纠结的事情。这细思起来并不寻常，因为格罗皮乌斯自己曾经接受过良好的建筑学教育，并且在年轻时候已经创作了留在现代建筑史上的经典作品。这样一位很早显露出对所处时代的非凡远见，并且具备敏锐捕捉力的建筑师，为什么仍需要那么长时间筹备一个建筑系？此后，盛名之下，为什么还需要顶着诸多非议才能推进大洋彼岸另一所建筑系的改革？事实上，格罗皮乌斯过去在魏玛共和国那种社会体制中的处境，与他在当时美国所遭遇的，对于他个人而言并没有太大的区别，同样是外部错综复杂的政治环境和势力争斗。这使得格罗皮乌斯始终寄望于通过建造方式的变革，更新已腐坏的资本主义社会根底，而不直接诉诸现实的政治行动。他的所谓不碰现实政治，或多或少可以从托洛茨基的失败主义来理解，实为一种虽不甚明朗却也算是坚定果决的立场。所以他可以在本书的导言中坦荡地表示，如果他真的在意那些来自不同阵营的指责，诸如"赤色分子""资本主义社会的鼓吹者""不熟悉本地民主方式的外来者"等标签，那么他自己早就不知道会撞向暗礁险滩多少次了。

终于，我们从作为教育者的格罗皮乌斯，回到其建筑师偏向。在格罗皮乌斯看来，现代建筑并不是"老树上发出的新枝"，而是"从根上重新生长出来的"。这从一个侧面可以用来佐证，相较于延续某种业已成熟的教学体系，这一艰巨的移根换叶的过程在曾经的包豪斯那里仅用八年时间就得以初步完成，也算是某种意义上的迅猛了。

通常人们在处理现代主义的历史时，比如考察历史上的包豪斯时，会将现代主义所蕴含的动力折算成它的后果。我们完全可以将这种折算看作失去动力的历史，或者说是对历史的猎奇。自20世纪30年代开始，美国文化界对包豪斯乃至整个欧洲现代主义先锋派创作所蕴含的政治意识的弱化、遮蔽，甚至去除，可算是比较典型的案例。这也间接影响了人们之后对曾经的建筑学发生史的阅读与接收，这里的包豪斯不再是历史的包豪斯，而是转化成了一段可被接受的历史。这个接受方案形成了两种影响力，其一，作为被简化的去除了意识形态斗争与伤痕的论述，它成了设计本身的历史；其二，这种设计的历史，与现实社会的条件正向结合，转化为服务于社会发展的创新资源。当然，表面上看，格罗皮乌斯以及包豪斯自身的定位似乎也相当符合后者的特质。但是当我们再次翻开眼前的这部并非专著的文集，格罗皮乌斯持续而又逐步形成的《总体建筑观》，尤其是在最后一章的最终段落中，他仍旧期许着人们以"恋人般的热情，以及与他人合作的谦逊意愿"，"具备极其广泛和综合的视野，在真正的意义上去整合未来的社群"，"共同发展能够反映20世纪人们生活新方式的态度与原则"，只有这样的建筑师与规划师才是实至名归的，这样的建筑才可算得上是"全面建筑"。人们从中不难发现，格罗皮乌斯竭力保持与正在演化的社会现实相对峙的否定姿态，试图持续占据某种与现实图景中的个人或学派威望无关的否定性位置。

一旦人们穿透分布于历史现实中的那些神化与污名化的表面，就可以深入觉察到这种否定性的位置。对于格罗皮乌斯而言，需要处理的是注定的失败与已取得的成就，使得关涉广义建造的一切实践可以坚定不移地反对那些试图限制其前行和妨碍其理念所具有的生长力的力量。对于重新解读那段历史的后来者而言，此前提到过的失败意识由此具有了双重含义：首先，广义建造的理念在历史现实中无可奈何的失败，以包豪斯的关闭为标志；再者，它在无法预知的未来的注定失败，这是设计实践的必然走向——终有一日成为社会政治中已被化解的肯定面，连同它的成功与失败逐一消散，一起趋近于那个早在构想中被抽空的核心。从包豪斯开端时理念化地抽空对象物，到新历史条件下社会物质性的填入，复又逐渐抽空其理念，这就是阶段性任务注定了的终结。

格罗皮乌斯曾经在 1935 年的《新建筑与包豪斯》中对包豪斯的理念做过一次回收，但是我们并不能将这次回收看作包豪斯版的新建筑宣言，它其实是新建筑版的包豪斯宣言。在同时段的写作中，柯布西耶那本广为流传并被人们理解成《走向新建筑》的著作，至今仍以独特奔放的才情引人关注。以此反观格罗皮乌斯所构想的"新建筑"，那个笼统模糊的"艺术与技术，新统一"目标，就显得过于克制而质朴了，常常为人忽视。然而重要的是，与柯布西耶高声宣告的原则与要素相比，格罗皮乌斯一方面出于如何"能够更适用于全体"的角度，激赏柯布西耶个人所做的"模度"，另一方面又对法国的运动"只发展出那么几个个体……却没能导致新型的学校出现"略发感慨，人们不难从这两相表态中，察觉到格罗皮乌斯更为在意的是如何提供一种构划性的理念与实践框架。

　　当下的建造，或许已不再是格罗皮乌斯生命经历中发生的那些事实，但仍无法摆脱某种从已发生的事实得出的对长周期的判断，在对这个长周期的判断中包含着正在发生、尚未发生、又将要发生的事件。格罗皮乌斯曾经对此有过自己的判断。1935 年的"新建筑"之后，格罗皮乌斯那一代知识分子去往美国的一系列新的际遇以及由这一节点新扩展出来的历史流向就此展开。资本主义体系中的民族国家添加了新的角色，社会主义阵营，或者说在国家意义上组织起的社会主义。格罗皮乌斯是否能在他已有的框架中增加这一新的现实，用来表明这一扩展呢？可知的是，格罗皮乌斯在早期的几篇文章中就用工业化社会、科学的世纪等论断概括了这一周期，这意味着他试图抛开意识形态的纷争，回到都市状况这一现代性问题的开端。作为艺术与建筑结合体的包豪斯，一直存在着建筑革新者与艺术先锋派之间的微妙关系，艺术的先锋派更多地提供了都市状况中的新的感知方式，而建筑则成为这一感知的后果，进入社会政治斗争场域和更为广泛的经济地理关系中的物质后果。如果对这类特殊的后果再做进一步区分，隐含在其中的两种长周期的现代主义道路就浮现了出来，在 20 世纪 30 年代它们具体化为地理分布上的两条路径。其中一条正是格罗皮乌斯的轨迹，从德国到英国，再到美国。而另一条，则通往苏联。格罗皮乌斯为其设计过总体剧场的戏剧实验者皮斯卡托，还有包豪斯第二任校长，不久就与格罗皮乌斯"决裂"的汉斯·迈耶，都选择了后者。这种切近地发生在包豪斯内部的案例，预示了后来的"冷战"场景。格罗皮乌斯这部文集中的写作所穿越的，正是这样一个不断被时代要求做出判断、预见和选择的动荡期，因此也必然是一个需要重新整合过去的实践，把它的意义开放给未来的时期。由此，摆在我们面前的这本《总体建筑观》既是历史的文本，也是可以提供给人们双重改写的文本，从格罗皮乌斯仅仅被当作一位建筑师所处的同时代条件中，扩写它的社会向度；从异时代的条件中回应式的续写，破除已有的神话并揭示出其中的原型，这种写作式的阅读方法可以让人们不止于历史研究和字面理解，牵引出蕴含在格罗皮乌斯文本中的动力。

回到本书的英文标题，其中的"total"应该翻译成"总体"，还是"全面"？细致的读者可能会发现，我们在本书的翻译时并没有强求其统一，而是选择性地使用两者。这并不只是因为通顺语句或者根据语境的意义而做的选择，也不是出于约定俗成的原因。如果按照约定俗成之说，那么在国内20世纪较早介绍现代主义建筑运动的文章中，同济大学罗小未先生就曾将本书译作"全面建筑观"。今时今日，究竟应当把它理解为更总体，还是更全面？如果延续格罗皮乌斯在第8章"建筑师：服务者？或领导者？"用过的方式，我们也许可以说：它既是总体的，也是全面的。更为全面地认识"世界"，认识这个地理不均衡发展境况下的社会世界，不断地遭遇他者潜在的论述；更为总体地改造"世界"，从改造中迸发出社会主义的绝对时刻。那些仍旧困扰于学科与社会如何关联的建造问题，在当下的诉求往往相反：人们感到有义务总体地认识世界，而这种认识又恰恰意味着，要在归结为系统的幻象中，通过全面的改造抹除真实的社会矛盾，维持一种相对平衡的表象。在某种意义上，这也是摆在历史研究面前的两难：历史学家总被看作仅仅在寻找事实，而另一种批判的声音认为必须做出决断。仿佛事实不过是一种修辞的技巧，决断才是政治行动。当然，这是两种不同的处理自身知识与社会关系的态度。在《启蒙的辩证法》中，霍克海默与阿多诺曾经指出"一切物化过程都是遗忘过程"，而在批判之体制更为成型的当下，事实变得更严峻了：如果说物化过程本身就是一种社会性的遗忘过程，那么，当前批判"物化"这一概念的惯性操作，反而可能成为对曾经的物化过程本身的遗忘。对这种更为隐蔽的遗忘过程作出解释，绝不仅仅是通常意义上的寻找事实。"总体"是否仍能成为某种决断？大卫·哈维在《希望的空间》中从外部视角重新界定了建筑师形象，据此提供了一种跨越新的历史地理条件的连接。这里的建筑师形象，并不指通常那些专业人员，而是指"在构建和组织空间过程的全部讨论中都具有某种中心性和位置性的人"。在他所论述的整个历史中，建筑师是所有人当中对乌托邦理念的生产和追求陷得最深的一类人，但哈维仍旧坚持这样一种"建筑师形象"，期许人们能够完全平等地将自己看作某种类型的"建筑师"，它所包括的不再是某类建筑师，而是能够为人类的行动提供战略选择的人，他们具有源自以往经验的几项基本技能，分别是：生存竞争和斗争，适应生态环境，协作、合作与互助，改造环境，以及安排空间的秩序和实践的秩序。无论从其中哪一项技能来看，我们都不妨将大卫·哈维提出的这一"形象"看作当下对格罗皮乌斯"总体建筑观"的另一种延续，那个曾经试图突破建筑师职业的现实分界，进而重新统合的"总体观"。

王家浩